Was Sie schon immer über WASSER und UMWELT wissen wollten

Verlag W. Kohlhammer
Stuttgart · Berlin · Köln · Mainz

Innenteil aus 100% Altpapier

Herausgeber: Umweltbundesamt

Postfach 33 00 22
14191 Berlin

Redaktion:
Volkhard Möcker
Hartmut Hoth

Fachliche Beiträge:
Ute Ackermann
Dr. Bernd Bayer
Volker Brenk
Dr. Wolfgang Dorau
Dr. Jutta Dürkop
Klaus Fricke
Dr. Wolf-Dieter Garber
Evelyn Giese
Dr. Wolf-Dieter Glatzel
Dr. Oetra Greiner
Gero Heddergott
Dr. Ulrich Irmer
Hans W. Jakobi
Bernd Krause
Carola Kussatz
Peter Lepom
Volker Müller-Witte
Dr. Wolfgang Rabe
Bettina Rechenberg
Dr. Hans-Dieter Schenke
Dr. Ulrich Schieke
Dieter Schudoma
Ellen Six
Astrid Wiemann
Dr. Joachim Wieting

Technische Betreuung: Bernd Kreuscher

Neuausgabe

3. verbesserte Auflage 1993
1.–50. Tausend

Technische Herstellung:
DBC DRUCKHAUS BERLIN-CENTRUM
GmbH & Co. MEDIEN KG

ISBN 3-17-012924-4

Die Deutsche Bibliothek – CIP-Einheitsaufnahme

Was Sie schon immer über Umwelt und Wasser wissen wollten / [Hrsg.: Umweltbundesamt. Red.: Volkhard Möcker ; Hartmut Hoth. Fachliche Beitr.: Ute Ackermann ...]. – Neuausg., 3., verb. Aufl., 1.–50. Tsd. – Stuttgart ; Berlin ; Köln : Kohlhammer, 1993
ISBN 3-17-012924-4
NE: Ackermann, Ute; Möcker, Volkhard [Red.]; Deutschland / Umweltbundesamt

INHALT

VORWORT

Wasser ist ein unentbehrliches Gut. Die Bundesregierung mißt daher unter den vielfältigen Aufgaben des Umweltschutzes dem Gewässerschutz besondere Bedeutung bei. Sie unternimmt große Anstrengungen, um durch einen wirksamen Gewässerschutz Trinkwasser von hoher Güte zu sichern.

Mit allem Nachdruck arbeitet die Bundesregierung gemeinsam mit den Ländern darauf hin, den Eintrag problematischer Stoffe in die Flüsse, ins Meer und in das Grundwasser zu vermeiden oder erheblich zu vermindern.

Die besorgniserregende Verschmutzung vieler Gewässer hat bereits deutlich abgenommen. Dies beruht vornehmlich auf den erzielten Fortschritten beim Bau biologischer Kläranlagen. So wird in den alten Bundesländern inzwischen das Abwasser von ca. 90 % der Bevölkerung in biologischen Kläranlagen gereinigt. Vergleichbare Entwicklungen gibt es im industriellen Bereich, insbesondere durch zahlreiche innerbetriebliche Vermeidungsmaßnahmen. Dadurch ist z. B. die Belastung des Rheins mit problematischen Stoffen wie Schwermetallen und verschiedenen organischen Halogenverbindungen zum Teil erheblich zurückgegangen.

Als weitere Maßnahmen zum Schutz des Wassers hat der Gesetzgeber auf Initiative der Bundesregierung Wassergesetze novelliert und damit die Grundlagen für die notwendigen Verbesserungen beim Gewässerschutz neu gestaltet. Mit der Förderung von Forschungs- und Entwicklungsvorhaben sowie von modellhaften Großanlagen wird der Stand der Technik im Gewässerschutz vorangetrieben.

Erste Erfolge der Grundwasserreinhaltung konnten auch schon in den neuen Ländern erzielt werden, obwohl hier ein außerordentlich hoher Nachholbedarf an Abwasserreinigungsmaßnahmen besteht, allein wenn man in Rechnung stellt, daß der Anschlußgrad der Bevölkerung an biologische Kläranlagen für 1990 auf nur 38 % geschätzt wird.

Ebenso wie bei der Luftreinhaltung reichen auf dem Gebiet des Gewässerschutzes allerdings nationale Regelungen allein nicht aus. Deshalb sind auch im internationalen Bereich neue Impulse gesetzt und bereits eine Reihe von Fortschritten erzielt worden.

Die vorliegende Broschüre informiert Sie über den Bereich „Wasser und Umwelt". Wir hoffen, daß diese Broschüre einen wichtigen Beitrag für eine sachliche Diskussion der hier anstehenden Fragen und zur Aufklärung breiter Kreise der Bevölkerung leistet.

Dr. Heinrich von Lersner
Präsident des Umweltbundesamtes

1. Leben ohne Wasser?

„Alles ist aus dem Wasser entsprungen, alles wird durch das Wasser erhalten“! Wie recht hatte da schon Altmeister Goethe.

Im Wasser entstand vor Milliarden von Jahren das Leben. Lange dauerte es, bis Pflanzen und Tiere das Land eroberten. Gut entwickeln konnten sie sich nur, wo ihnen Wasser als wichtigste Lebensgrundlage zur Verfügung stand.

Alle Lebewesen bestehen zu einem mehr oder weniger großen Teil aus Wasser. Durch Atmung, Schweiß und andere Ausscheidungen geben sie ständig Wasser ab, das durch Trinken wieder ersetzt werden muß. Zwischen Wasser-„Ausfuhr“ und Wasser-„Einfuhr“ muß ein Gleichgewicht bestehen, damit der Organismus am Leben bleibt. Wir Menschen zum Beispiel bestehen zu mehr als zwei Dritteln aus Wasser – sinkt unser Wasseranteil nur um 20 Prozent, geht nichts mehr. Wir können wochenlang leben, ohne zu essen, doch nicht länger als fünf oder sechs Tage, ohne zu trinken!

2,5 bis 3,5 Liter braucht ein Erwachsener täglich – im Laufe eines Lebens summiert sich das zu 50 000 bis 60 000 Liter.

Ein großer Laubbaum benötigt etwa 100 Liter Wasser täglich. Um einen Zentner Weizen zu erzeugen, braucht ein Acker 25 000 Liter Wasser.

Auch Industrie, Gewerbebetriebe, Kraftwerke, private Haushalte – sie alle brauchen Wasser. Wie groß unsere Abhängigkeit vom Wasser ist, wird uns meist erst dann bewußt, wenn das Wasser – zum Beispiel wegen einer Reparatur – einmal nicht mehr fließt. Kein Wasser zum Kaffeekochen und Händewaschen, für die Waschmaschine oder die Toilettenspülung! Wassermangel auf Dauer – das würde das Ende allen Komforts bedeuten.

Wenn das Wasser dann wieder aus dem Hahn läuft – frisch, klar, appetitlich und in scheinbar unbegrenzter Menge – dann haben wir seinen Wert schnell wieder vergessen.

2. Vom Ziehbrunnen zur Mischbatterie

Schon sehr früh in der Geschichte lernte der Mensch, in den natürlichen Wasservorrat seiner Umgebung einzugreifen und Wasser für sich selbst, seine Nutzpflanzen und Haustiere zu beschaffen. Denn menschliche Ansiedlungen und Kulturen konnten sich nur dort mit Erfolg entwickeln, wo genügend Wasser zur Verfügung stand. Der Bau von Bewässerungsanlagen zählte zu den ersten großtechnischen Leistungen der Menschheit. Macht und Reichtum der frühen Hochkulturen in China, Vorderasien und Ägypten beruhten auf dem Funktionieren ausgeklügelter Bewässerungssysteme.

Beispielhaft waren die Wasserversorgungsanlagen, die schon vor mehr als 2000 Jahren im Römischen Reich gebaut wurden: Wasserleitungen, die zum Teil mehrere hundert Kilometer lang waren und über mächtige Brücken geführt wurden, vesorgten die römischen Städte und Garnisonen mit Trinkwasser. Zur Beseitigung der Abwässer wurden unterirdische Entwässerungsanlagen gebaut. Die von den Römern geschaffenen Kanalisationsnetze waren so gut gebaut, daß sie in verschiedenen Städten – zum Beispiel in Köln – heute noch teilweise benutzt werden können. Nach dem Untergang des Römischen Reiches zerfielen jedoch die meisten der kunstvollen Wasserbauwerke, und die Kenntnisse der römischen Wasserwerker gerieten vorübergehend in Vergessenheit.

Die Bewohner deutscher Siedlungen hatten zunächst kein Interesse am Bau zentraler Wasserversorgungsanlagen. Zum einen ist Deutschland wesentlich wasser- und niederschlagsreicher als die Gebiete um das Mittelmeer. Zum anderen zählten die Ortschaften meistens nicht mehr als ein paar hundert Einwohner, die sich ihr Wasser aus nahe gelegenen Bächen, Teichen, Quellen oder aus einfachen Schöpfbrunnen beschaffen konnten. Erst im Mittelalter, als die Einwohnerzahl der Gemeinden und Städte anstieg, ergaben sich zunehmend Probleme: Das Wasser, das aus ungeschützten Hausbrunnen oder verschmutzten Gewässern entnommen wurde, konnte Erkrankungen oder sogar verheerende Seuchen verursachen. Pest, Cholera und Typhus entvölkerten oft ganze Landstriche. Auch konnten die brandgefährdeten mittelalterlichen Städte aus

Schöpf- und Ziehbrunnen nicht ausreichend mit Löschwasser versorgt werden: Feuersbrünste konnten so ganze Stadtteile vernichten.

Der Industrialisierungsprozeß im 19. Jahrhundert führte zu einer weiteren sprunghaften Zunahme der Bevölkerung. Immer mehr Menschen zogen in die Städte und die aufstrebenden Industriezentren. In Berlin zum Beispiel verdoppelte sich die Bevölkerungszahl von 1825 bis 1850 von einer viertel auf eine halbe Million. Das erste Wasserwerk in Berlin wurde 1856 in Betrieb genommen – bis dahin mußten die Berliner ihren Trinkwasserbedarf aus Hausbrunnen decken.

Auch die Abwasserbeseitigung war ein Problem. Im Mittelalter wurden Fäkalien, Abfälle oder Abwasser einfach auf die Straßen oder in die Rinnsteine geleitet. Auch in den schnell wachsenden Städten des 19. Jahrhunderts wurde das Spül-, Wasch- und Schmutzwasser aus Haushalten und Gewerbebetrieben noch über die Rinnsteine abgeleitet. Die Fäkalien wurden in Jauchegruben auf jedem Grundstück gesammelt. Flüssige Fäkalienstoffe sickerten in das Grundwasser und verseuchten die Hausbrunnen, die oft in unmittelbarer Nähe der Jauchegruben standen. Immer wieder grassierten Typhus- und Cholera-Epidemien in den Städten. Schon aus hygienischen Gründen wurde schließlich der Bau zentraler Abwasseranlagen unumgänglich. In Berlin wurde 1878 im Bezirk Kreuzberg das erste unterirdische Kanalisationsnetz zum Sammeln der Abwässer in Betrieb genommen.

Trotz großer Fortschritte in Technik, Organisation und Planung der Wasserwirtschaft sind die Probleme seither kaum geringer geworden, denn Wasserbedarf und Abwasseranfall haben seither ständig zugenommen. Im vorindustriellen Zeitalter kamen die Menschen mit etwa 10 bis 30 Litern Wasser täglich aus. Bis 1950 war der tägliche Wasserverbrauch bereits auf 85 Liter angestiegen. Damals waren etwa 20 Prozent aller Wohnungen mit einem Bad ausgestattet, heute sind es über 70 Prozent! Aber nicht nur Waschen, Baden und Duschen machen heute unseren Lebensstandard aus. Dazu kommen WC, Waschmaschine und zunehmend auch Geschirrspüler. Auch für's Kochen und Putzen, für das Blumengießen und Autowaschen wird Wasser verbraucht: 131 Liter sind es heute pro Bundesbürger täglich (145 Liter in den alten, 118 Liter in den neuen Bundesländern – 1991 –), und wenn man noch den Wasserverbrauch öffentlicher Einrichtungen wie von Schulen, Schwimmbädern oder Krankenhäusern dazu zählt, sind es sogar 325 Liter.

Noch größer ist der „Durst" der Industrie: Über 10 Milliarden Kubikmeter Wasser entnimmt sie jährlich den Flüssen, dem Grundwasser und dem öffentlichen Versorgungsnetz. Dazu kommen noch über 30 Milliarden Kubikmeter, die als „Kühlwasser" von den Kraftwerken benötigt werden. Die Industrie benötigt Wasser nicht nur als Brauch- oder Kühlwasser, sondern auch als Rohstoff; für die Chemie- und Kunststoffverarbeitung, die Herstellung von Fotomaterial oder das Bierbrauen zum Beispiel wird Wasser in bester Qualität benötigt.

Der größte Teil dieser gewaltigen Wassermengen gelangt – früher oder später – als mehr oder minder gereinigtes Abwasser in die Gewässer zurück. Dieser „Kreislauf" verändert die Qualität unserer Gewässer, denn Abwässer enthalten Schmutz- und Schadstoffe. Immer häufiger wird daher bei uns die Frage gestellt: Droht uns in Zukunft ein Wassernotstand – oder wird auch den kommenden Generationen noch gutes Wasser in ausreichenden Mengen zur Verfügung stehen?

3. Wird unser Wasser knapp?

Aus dem Weltraum betrachtet ist unsere Erde nicht als Erdball, sondern als blaue Wasserkugel zu erkennen: Die Ozeane bedecken 71 % der Erdoberfläche. Der gesamte Wasserschatz unseres „blauen Planeten" wird auf rund 1,5 Milliarden Kubikkilometer Wasser geschätzt. Doch über 97 Prozent davon ist Meerwasser, also für den Menschen ungenießbares Salzwasser, und nur der Rest ist Süßwasser, von dem außerdem das meiste in den gewaltigen Eismassen der Pole und der Hochgebirgsgletscher fest gebunden ist. Der nutzbare Süßwasseranteil am gesamten Wasservorrat der Erde beträgt ganze 0,3 Prozent!

Wasser kann zwar nicht verbraucht werden, es ist aber auch nicht vermehrbar: Es befindet sich in einem dauernden Kreislauf von Verdunstung, Niederschlag und Abfluß.

Die Süßwasser-Reserven der Erde sind sehr ungleich verteilt.

Die Bundesrepublik Deutschland zählt zu den begünstigten Gebieten. Hier fallen jährlich rund 800 Millimeter Niederschläge; das entspricht einer Gesamtmenge von fast 210 Milliarden Kubikmeter Wasser. Über die Hälfte dieser Wassermengen geht durch Verdunstung „verloren". Es verbleiben ca. 80 Milliarden Kubikmeter Wasser, von denen gut zwei Drittel über die Flüsse abfließen, während der Rest versickert und die Grundwasserreserven auffüllt.

Vergleicht man das Wasserangebot einerseits mit dem Wasserbedarf andererseits – der alles in allem etwa 45 Milliarden Kubikmeter jährlich beträgt – so könnte man meinen, daß unsere Wasserversorgung kein Problem darstellt.

Das ist auch, was die Menge angeht, weitgehend richtig. Anders sieht es mit der Qualität unserer Gewässer aus, die vielerorts zu wünschen übrig läßt.

Grundwasser gilt als wertvollster Wasserschatz. Lange war es durch dicke Bodenschichten vor negativen Umwelteinflüssen weitgehend geschützt. Auch war der Boden stets ein guter Filter, befreite er doch das in den Untergrund sickernde Niederschlags- und Oberflächenwasser von Schmutzstoffen und Krankheitserregern.

Heute wissen wir jedoch: unser Grundwasservorrat ist weder unerschöpflich noch immun gegen Umweltbelastungen. Die Belastung des Bodens mit Schwermetallen und anderen Umweltchemikalien, z. B. durch den sorglosen Umgang mit Lösemitteln, bedrohen unser Grundwasser. In einigen Gebieten mußten aus diesem Grund bereits Wasserversorgungsanlagen und Eigenversorgungen abgeschaltet werden.

Gegenwärtig können wir unseren Trinkwasserbedarf zu 63 % mit Grundwasser und zu 12 % mit Quellwasser decken. 10 Prozent sind bereits „angereichertes Grundwasser" – das heißt, man läßt Oberflächenwasser künstlich versickern, so daß es vom Boden gefiltert wird und schließlich ins Grundwasser gelangt – und 5 Prozent sind „Uferfiltrat"; hierbei fließt Flußwasser vom Flußbett durch die angrenzenden Bodenschichten in die nahe am Flußufer gelegenen Förderbrunnen. 9 Prozent des Trinkwassers kommen aus Talsperren und Seen und 0,5 Prozent direkt aus Flüssen.

Unsere Grundwasservorräte sind regional unterschiedlich verteilt. Besonders in den Ballungsgebieten und Industriezentren, wo der Wasserbedarf am höchsten ist, gibt es Konflikte um die Nutzung der Grundwasservorräte, denn das Grundwasser wird dort nicht nur von der öffentlichen Wasserversorgung beansprucht, sondern – meist aufgrund alter Wasserrechte – auch von der Industrie. Obwohl die Förderung von Grund- und Quellwasser durch die Industrie in den letzten Jahren zurückgegangen ist, beträgt die Fördermenge heute immer noch rund 2,3 Milliarden Kubikmeter pro Jahr gegenüber 2,9 Milliarden Kubikmeter im Jahre 1983.

Der steigende Trinkwasserbedarf in den Ballungszentren wird heute zum Teil durch Fernwasserversorgungen gedeckt: Stuttgart zum Beispiel wird mit Bodenseewasser, Frankfurt am Main mit Grundwasser aus dem Hessischen Ried und vom Vogelsberg, Hamburg mit Grundwasser aus der Lüneburger Heide versorgt.

Mit solch aufwendigen Lösungen, die zum Teil erhebliche Auswirkungen auf unsere Umwelt haben, sind unsere Grundwasser-Vorkommen weitgehend erschlossen, und bei steigendem Wasserverbrauch wird künftig der Anteil des Oberflächenwassers an der Trinkwasser-Versorgung zunehmen. Um so wichtiger ist es, sowohl Grund- als auch Oberflächenwasser wirksam vor Gefährdungen und Verschmutzungen aller Art zu schützen – damit gutes Wasser auch in Zukunft nicht knapp wird!

4. Überdüngung, Versalzung, Aufwärmung

Unseren Gewässern droht eine Fülle von Gefährdungen und Belastungen, die häufig auch die Wasserwerke vor schwere Probleme bei der Trinkwassergewinnung und -aufbereitung stellen.

Von den verschiedenen Gewässernutzern – Industrie und Gewerbe, Kraftwerke, Bergbau, Landwirtschaft, private Haushalte – gehen unterschiedliche Belastungen aus: Leicht abbaubare Stoffe, wie z. B. Fäkalien, schwer abbaubare Stoffe wie organische Verbindungen, Salze, Schwermetall, aber auch Wärmeeinleitungen in Form aufgeheizter Kühlwässer.

Die Abwässer der privaten Haushalte enthalten überwiegend

leicht abbaubare Stoffe. Im Wasser lebende Mikroorganismen wie Bakterien, Algen und Kleintiere können diese Stoffe als Nahrung verwerten, wobei jedoch der im Wasser vorhandene Sauerstoff verbraucht wird. Ein biologisch intaktes Gewässer verfügt über genügend Selbstreinigungskraft, um geringe Belastungen mit organischen Verunreinigungen abzubauen. Bei starker Verschmutzung mit diesen Stoffen kann der Sauerstoffgehalt des Wassers jedoch so weit absinken, daß die Selbstreinigungskraft überfordert wird: Das Gewässer „kippt um", es kommt zum Fischsterben.

Zahlreiche Stoffe sind in natürlichen Gewässern, aber auch in Kläranlagen, nur schwer, manche überhaupt nicht biologisch abbaubar. Heute bedrohen viele dieser Stoffe, wie z. B. organische Chlorverbindungen, die vor allem in Industrie- und Gewerbebetrieben, aber auch in Haushalten als Löse- und Reinigungsmittel eingesetzt werden, unser Grundwasser und die Trinkwasseraufbereitung. Dort, wo solche Stoffe im Grundwasser in bedenklichen Konzentrationen nachgewiesen wurden, mußten bereits Wasserversorgungsanlagen abgeschaltet und Eigenwasserversorgungen aufgegeben werden.

Schwer abbaubare organische Stoffe bergen auch langfristige Gefahren für Mensch und Umwelt: Sie reichern sich z. T. auf dem Grund der Gewässer im Sediment oder in Pflanzen und Tieren an und können dadurch ganze Ökosysteme nachhaltig schädigen.

Eine weitere Gefahr für unsere Gewässer stellen die Salze dar: Salzeinleitungen durch Kaligruben, Sodaindustrie und Bergbau, die Belastungen durch Düngesalze aus der Landwirtschaft sowie Streusalze aus dem Winterdienst machen unseren Gewässern zu schaffen.

Die Salzbelastung des Rheins zum Beispiel stammt vor allem aus drei Quellen: Aus den Kaligruben im Elsaß (Frankreich), den Natriumchloridzuleitungen des Bergbaus und der Industrie sowie den Kalziumchlorideinleitungen der Sodaindustrie. Die Salzbelastung des Rheins ist nach wie vor hoch, überschreitet jedoch nur selten den für die Trinkwasserversorgung nicht mehr akzeptablen Wert von 200 Milligramm pro Liter. Erheblich größer als im Rhein sind die Salzkonzentrationen in Weser und Werra, die vor allem aus den Kaligruben in Thüringen stammen. In der Werra unterhalb des thüringischen Kalireviers wurden schon Salzkonzentrationen von mehr als 10 Gramm (= 10 000 Milligramm) pro Liter im Jahresdurchschnitt gemessen! Die ökologischen Folgen sind verheerend: Die Trinkwassergewinnung aus der Weser und dem ufernahen Grundwasser mußte teilweise aufgegeben werden; im Oberlauf der Weser sind die meisten Fischarten ausgestorben. Um der Versalzung von Werra und Weser künftig Herr zu werden, sind nach 1989 entschiedene Maßnahmen ergriffen worden.

Die Gefährdung unserer Gewässer – vor allem des Grundwassers – durch Nitrate geht hauptsächlich auf stickstoffhaltige Düngemittel zurück. Wenn zuviel oder zur falschen Zeit gedüngt wird, können große Mengen Nitrat in Grund- und Oberflächenwasser gelangen.

So werden besonders in Gebieten mit intensiver Landwirtschaft (z. B. Unterglasanbau, Weinbau) erhöhte Nitratgehalte im Grundwasser festgestellt. Zuviel Nitrat im Grundwasser kann vor allem Säuglingen gefährlich werden. Problematisch ist aber auch für Erwachsene die langfristige Aufnahme überhöhter Nitratkonzentrationen: denn Nitrate können im menschlichen Körper zu Nitrosaminen reagieren, die als krebserzeugende Substanzen bekannt sind.

Auch Phosphate werden als Düngemittel in der Landwirtschaft verwendet, von wo sie durch Auswaschung oder Abschwemmung in die Gewässer gelangen können. Einen großen Anteil an der Phosphatbelastung der Gewässer haben jedoch häusliche Abwässer. Phosphate sind Nährstoffe, die in Gewässern das Wachstum von Algen und Wasserpflanzen fördern. Durch die Massenvermehrung der Algen und schließlich deren Absterben und Verwesen kann vor allem Seen und langsam fließenden Gewässern soviel Sauerstoff entzogen werden, daß sie schließlich „umkippen“: Fischsterben, Geruchsbelästigungen und eine Beeinträchtigung der Trinkwassergewinnung sind häufig die Folgen.

In den letzten Jahrzehnten sind mit den Abwässern, Abfällen und Abgasen aus Industrie- und Gewerbebetrieben große Mengen giftiger Schwermetalle in unsere Umwelt gelangt. Überschreiten ihre Konzentrationen im Wasser oder in der Nahrung bestimmte Grenzwerte, so können sie Stoffwechselstörungen und andere Vergiftungen verursachen. Viele Schwermetalle reichern sich in der belebten und unbelebten Umwelt (z. B. in Fischen oder Flußsedimenten) an. Welche schlimmen Folgen daraus entstehen können, zeigt das Beispiel „Minamata“ in Japan. Ein Chemiebetrieb hatte über Jahre quecksilberhaltige Abwässer in die Bucht von Minamata, dem Fischfanggebiet der Anwohner, geleitet. Über die Nahrungskette (Plankton-Fische-Mensch) reicherte sich das Gift an, bis schließlich hunderte von Menschen erkrankten, viele davon so schwer, daß sie schließlich starben.

Die Schwermetallbelastungen in den Gewässern Deutschlands sind in den letzten Jahren vor allem aufgrund innerbetrieblicher Produktionsumstellungen und Vermeidungsmaßnahmen zurückgegangen. Im Rhein zum Beispiel ist der Rückgang der Quecksilber-, Cadmium- und Chrom-Konzentration besonders deutlich ausgefallen. Die mittleren Konzentrationen von Cadmium und Quecksilber liegen hier deutlich unter einem Mikrogramm pro Liter. Anlaß zur Besorgnis gibt jedoch nach wie vor die Anreicherung von Schwermetallen in unserer Umwelt wie z. B. im Sediment der Flüsse.

Ein besonderes Problem für unsere Gewässer stellt die Entnahme und Einleitung von Kühlwasser dar.

Die „Aufheizung“ der Flüsse durch erwärmtes Kühlwasser fördert – insbesondere im Zusammenwirken mit anderen biologischen und chemischen Belastungen – das Algen- und Pflanzenwachstum und führt zu erhöhtem Verbrauch von Sauerstoff. Vielfach sind die Flüsse durch Kühlwasser schon so stark erwärmt, daß sie keine weitere Wärmezufuhr mehr vertragen. Deshalb muß dem Wärmehaushalt der Flüsse besondere Aufmerksamkeit gewidmet werden.

Die Liste der Belastungen und Gefährdungen für unsere Gewässer ist damit noch nicht erschöpft:

Der Schiffsverkehr verunreinigt zum Beispiel die Gewässer durch das unerlaubte Einleiten von Bilgenölen, die beim Betrieb der Schiffsmotoren anfallen, oder durch das Überbordwerfen von Schiffsabfällen. Manche Seen werden durch Erholungssuchende stärker gefährdet als durch Abwässer; die Beschädigung der Schilfgürtel an den Seeufern durch Bootsverkehr und Freizeitbetrieb verringert die Selbstreinigungskraft der Gewässer, vernichtet Brut- und Laichplätze der Wassertiere, führt schließlich zur Zerstörung von Ufernatur und Wasserfauna.

Unfälle bei der Lagerung und beim Transport wassergefährdender Stoffe, vor allem von Mineralölprodukten, die Ablagerung gefährlicher Abfälle an ungeeigneten Standorten oder der unsachgemäße Umgang mit Pflanzenbehandlungs- und Schädlingsbekämpfungsmitteln können insbesondere das Grundwasser schädigen.

Auch wasserbauliche Maßnahmen bringen einschneidende Veränderungen für den Grundwasserhaushalt.

So hat z. B. der Oberrhein-Ausbau durch die Tieferlegung der Flußsohle den Grundwasserspiegel stellenweise bis weit über den Wurzelbereich der Pflanzen absinken lassen. Das verändert nicht nur den Wasserhaushalt, sondern den gesamten Naturhaushalt.

Schwere Eingriffe in den Grundwasserhaushalt bringt auch die Förderung von Kohle, Sand und Kies. Ein Beispiel dafür ist die Grundwasserabsenkung in den Braunkohlenrevieren. Bei der Sand- und Kiesgewinnung werden die Deckschichten über dem Grundwasser abgebaut. Hierdurch geht der natürliche Grundwasserschutz verloren; damit steigt die Verschmutzungsgefahr und die Verdunstung verringert die Grundwassermenge.

Die zunehmende Überbauung von freien Flächen verhindert ebenfalls die Neubildung von Grundwasser. Indem die Flächen versiegelt werden und das Niederschlagswasser nicht mehr in den Untergrund einsickern kann, sondern durch Kanalisation abgeleitet wird, werden bestimmte Grundwasserspeicher nicht mehr aufgefüllt.

5. Sterben unsere Meere?

Die Gewässerverschmutzung macht auch vor der Nord- und Ostsee nicht halt: Flüsse transportieren ihre Schadstoff- und Schmutzfrachten ins Meer. Abwasser und Schlamm werden von der Küste (z. B. durch Rohrleitungen) eingeleitet. Flüssige und feste Abfallstoffe werden von Spezialschiffen – aber auch durch den normalen Schiffsverkehr – ins Meer gebracht. Schließlich gelangen auch über die Atmosphäre, z. B. mit den Niederschlägen, Schadstoffe in die Meere.

In den letzten Jahren hat sich vor allem die Ölverschmutzung zu einem Problem entwickelt. Sie entsteht weniger durch Tankerunfälle, sondern vor allem durch ständige Öleinleitungen der Welttankerflotte, sei es bei der Abgabe von Ballastwasser oder beim Reinigen der Tanks, aber auch durch Leckagen bei der Erschließung von Ölvorkommen vor den Küsten.

Unmittelbare Auswirkungen dieser Ölverschmutzung: Seevögel, grob geschätzt einige Zehntausend pro Jahr, gehen durch ölverklebtes Gefieder und direkte Ölaufnahme ein. Küstenbiotope wie die Wattengebiete oder Salzwiesen, Kinderstube oder Heimat vieler Meeres- und Küstenbewohner, werden in Mitleidenschaft gezogen. Und auch die Strände der Seebäder, in denen Millionen Menschen Erholung suchen, werden vom Öl verschmutzt.

Neben der Ölverseuchung spielt auch die Verschmutzung mit Industrie- und Siedlungsabfällen eine Rolle. Ständig werden in die Nord- und Ostsee kommunale und industrielle Abwässer eingeleitet. Einige Küstengebiete wie die Elbe- und Wesermündung und die Förden der Ostsee, sind stark durch häusliche und industrielle Abwässer verschmutzt.

Auch die Beseitigung problematischer Abfälle auf der Hohen See wird trotz erheblicher Umweltrisiken immer noch von einigen unserer Nachbarstaaten praktiziert. Die Bundesrepublik Deutschland hat schon vor Jahren sowohl die Abfallverbrennung als auch die Verklappung auf See eingestellt. Seit 1990 werden vom Gebiet der Bundesrepublik Deutschland keine Abfälle mehr auf See beseitigt.

Die Probleme der Meeresverschmutzung können, wie viele andere Umweltprobleme auch, auf Dauer nur durch eine internationale Zusammenarbeit aller Anliegerstaaten gelöst werden. Die im Rahmen der Übereinkommen von Oslo, London und Paris zur Nordsee sowie von Helsinki zur Ostsee sind dabei vielversprechende erste Schirtte.

6. Wie Wasser „gewaschen" wird

Unsere Gewässer können auf Dauer nur dann wirkungsvoll geschützt werden, wenn alle Möglichkeiten zur Vermeidung oder Verringerung von Gewässerbelastungen ausgeschöpft werden.

Durch Umstellung auf Produktionsprozesse ohne Verwendung von Wasser oder auf wassersparende Kreislaufsysteme, durch Maßnahmen zur Rückhaltung und Verwertung von Abwasserinhaltsstoffen, durch Vermeidung giftiger Abfallstoffe oder durch innerbetriebliche Abwasserreinigung kann der Abwasseranfall deutlich reduziert werden.

Zur Reinigung von häuslichen und industriellen Abwässern bieten sich in erster Linie Kläranlagen an. Je nach Konstruktion und Leistungsfähigkeit der Kläranlagen kann die Abwasserreinigung auf mechanischem, biologischem und physikalisch-chemischem Wege erfolgen.

Bei der mechanischen Klärung werden durch Rechen, Sandfang und Absetzbecken rund 30 % der Schmutzstoffe dem Abwasser entzogen. Hierzu gehören z. B. mitgeschwemmte Holzteile, Blech- und Kunststoffbehälter, Stoffreste, Sand und andere körnige, meist mineralische Stoffe. Für die Reinhaltung der Gewässer ist die ausschließlich mechanische Abwasserreinigung allerdings völlig unzureichend.

Auf die mechanische Klärung muß eine biologische Abwasserbehandlung folgen. Hierbei werden durch Einsatz von Mikroorganismen vor allem organische Bestandteile des Abwassers wie Fäkalien, Lebensmittelreste und andere leicht abbaubare Stoffe beseitigt. Durch die mechanisch-biologische Reinigung können etwa 90 % der biologisch abbaubaren Schmutz- und Schadstoffe dem Abwasser entzogen werden. Oft enthält Abwasser aber problematische Stoffe, die weder in der mechanischen noch in der biologischen Reinigungsstufe ausreichend entfernt werden; hier muß eine weitergehende Abwasserreinigung, die chemisch-physikalische Reinigung (3. Reinigungsstufe), angeschlossen werden.

Als 3. Reinigungsstufe werden alle Verfahren bezeichnet, die über die biologische Reinigung hinausgehen. Durch diese kann ein Teil der Stickstoff- und gelösten Phosphorverbindungen, der schwer abbaubaren Stoffe, der Schwermetalle und der gelösten Salzverbindungen aus dem Abwasser entfernt werden. Die Wahl der Verfahren für 3. Reinigungsstufen richtet sich nach den vorrangig zu behandelnden Stoffen im Abwasser. Zu den Verfahren der 3. Reinigungsstufe gehört die mechanische Filterung (durch Mikrosiebe oder Sandfilter werden feinste Bestandteile des Abwassers von diesen getrennt), die Fällung (z. B. Verringerung der Abwasserbelastung mit Phosphaten und organischen Stoffen), die Stickstoffelimination (Entfernung von Abwassernitraten) und die Aktivkohlefilterung (Zurückhaltung schwer abbaubarer Stoffe). All diese Verfahren sind mit einem erheblichen Kostenaufwand verbunden, ohne daß hierdurch stets ein schadstofffreies Abwasser zu garantieren ist, da viele Umweltchemikalien durch diese Reinigungsmethoden nicht vollständig erfaßt werden. Bei der Abwasserbehandlung fielen 1990 pro Einwohner der alten Bundesländer ca. 1,56 Kubikmeter Klärschlamm mit einem durchschnittlichen Wassergehalt von 95 % an. Dies entspricht bei dem derzeitigen Stand der Abwasserbehandlung etwa einem Jahresanfall von gut 50 Millionen Kubikmeter Rohschlamm. Beim derzeit angestrebten Ausbau der Abwasserreinigung, wenn 90 % des anfallenden Abwassers mechanisch-biologisch gereinigt werden, wird mit einer wachsenden Menge des zu entsorgenden Klärschlamms gerechnet. Sie muß so behandelt und beseitigt werden, daß keine Gefahren für die Umwelt entstehen. Gleichzeitig sollen die Wertstoffe des Klärschlamms wie organische Substanzen, Phosphor und Stickstoff genutzt werden. Die Verwertung von Klärschlamm in der Landwirtschaft, (z. Z. 25 %) soll möglichst gesteigert werden. Dazu bedarf es einer erheblichen Verbesserung in der Qualität der Schlämme durch die Verminderung schädlicher Inhaltsstoffe, insbesondere der Schwermetallgehalte.

1990 waren im alten Bundesgebiet 92 % der Wohnbevölkerung an die Kanalisation und 96 % an kommunale Kläranlagen angeschlossen. In den neuen Bundesländern waren 1990 77 % der Wohnbevölkerung an die öffentliche Kanalisation und 63 % an öffentliche Kläranlagen angeschlossen.

7. Schutz ohne Grenzen

Der Gewässerschutz in Deutschland hat eine lange und gute Tradition. Bund und Länder haben zum Schutz der Gewässer und des Trinkwassers zahlreiche Gesetze, Verordnungen und Verwaltungsvorschriften erlassen. Der Bund setzt dabei nach dem **Grundgesetz** den rechtlichen Rahmen für die Wasserwirtschaft. Die Bundesländer füllen diese Rahmenvorschriften mit eigenen Regelungen aus und sind für den Vollzug zuständig, d. h. sie sprechen Genehmigungen aus und überwachen die Einhaltung der Auflagen.

Wichtige Grundsätze für die Wasserwirtschaft werden im **Wasserhaushaltsgesetz** formuliert. Dieses Gesetz verpflichtet die Behörden, „die Gewässer als Teil des Naturhaushalts so zu bewirtschaften, daß sie dem Wohl der Allgemeinheit und im Einklang mit ihm auch dem Nutzen einzelner dienen und daß jede vermeidbare Beeinträchtigung unterbleibt". Außerdem enthält es die Verpflichtung für jedermann, bei Maßnahmen an Gewässern „eine Verunreinigung des Wassers oder eine sonstige nachteilige Veränderung seiner Eigenschaften zu verhüten".

Bereits im ersten **Umweltprogramm** der Bundesregierung von 1971 wurde der Gewässerschutz zu einem Schwerpunkt der Umweltpolitik erklärt; Ziel der Wasserwirtschaft sollte sein, den Wasserhaushalt so zu ordnen, daß

- das ökologische Gleichgewicht der Gewässer bewahrt oder wiederhergestellt wird,
- die einwandfreie Wasserversorgung der Bevölkerung und der Wirtschaft gesichert wird, zugleich aber auch
- alle anderen Wassernutzungen, die dem Gemeinwohl dienen, auf lange Sicht möglich bleiben.

Diese Ziele gelten heute unverändert. Die im Umweltprogramm angekündigten Maßnahmen wurden vor allem mit folgenden Gesetzen und Regelungen konkretisiert:

- dem Wasserhaushaltsgesetz, insbesondere mit den darin geforderten Mindestanforderungen an das Einleiten von Abwasser in Gewässer (§ 7a),
- dem Abwasserabgabengesetz,
- dem Waschmittelgesetz,
- der Phosphathöchstmengenverordnung.

Das **Wasserhaushaltsgesetz** bestimmt: Jede Gewässernutzung, insbesondere jede Einleitung von Abwasser, bedarf einer behördlichen Erlaubnis oder Bewilligung. Abwasser darf grundsätzlich nur dann in Gewässer eingeleitet werden, wenn seine Schadstofffracht so gering gehalten wird, wie das nach den anerkannten Regeln der Technik möglich ist. Das **Vierte Ände-**

rungsgesetz zum Wasserhaushaltsgesetz von 1976 schrieb dazu vor, daß bundeseinheitliche Mindestanforderungen an das Einleiten von Abwasser einzuhalten sind (§ 7a Wasserhaushaltsgesetz). Diese Mindestanforderungen sind inzwischen für eine Vielzahl von Produktionszweigen in 52 Verwaltungsvorschriften und Anhängen zur allgemeinen Abwasser-Rahmen-Verwaltungsvorschrift festgelegt worden. Durch das Fünfte Änderungsgesetz zum Wasserhaushaltsgesetz von 1986 können für sogenannte gefährliche Stoffe im Abwasser weitergehende Anforderungen gestellt werden, die dem neuesten „Stand der Technik" entsprechen müssen.

Als „Meilenstein" in der Gewässerreinhaltung gilt das **„Abwasserabgabengesetz"** von 1976. Seit dem 1. Januar 1981 muß für bestimmte Abwässer, die in ein Gewässer eingeleitet werden, eine Abgabe bezahlt werden, deren Höhe sich nach der Menge und Schädlichkeit des eingeleiteten Abwassers richtet. Die Abwasserabgabe stieg von 12,– DM pro Schadeinheit im Jahre 1981 auf 60,– DM, die seit 1993 zu zahlen sind; Eine Schadeinheit entspricht etwa dem ungereinigten Abwasser eines Einwohners pro Jahr. Die im Abwasserabgabengesetz getroffenen Regelungen sollen als Anreiz für die Gewässerbenutzer wirken, stärker Kläranlagen zu bauen, den Stand ihrer Abwasserreinigungstechnik zu verbessern, abwasserarme oder abwasserlose Produktionsverfahren zu entwickeln und einzusetzen, und Güter, die nur abwasserintensiv hergestellt werden können, sparsamer zu verwenden. Nach der Neufassung des Abwasserabgabengesetzes vom 6. 11. 1990, sind für weitere Stoffe Abgaben zu zahlen (z. B. für organische Lösemittel und die Metalle Nickel, Chrom, Blei und Kupfer).

Unter dem erschreckenden Eindruck von „Schaumbergen" auf vielen Flüssen und der zunehmenden Überdüngung zahlreicher Seen wurde 1961 das Detergentiengesetz verabschiedet, welches 1975 vom **„Waschmittelgesetz"** abgelöst wurde. Das Gesetz schreibt vor, daß durch Rechtsverodnungen bestimmte Anforderungen an die in Wasch- und Reinigungsmitteln enthaltenen Stoffe festgesetzt und gewässerschädigende Stoffe verboten oder beschränkt werden können. Die Rahmenrezepturen aller Wasch- und Reinigungsmittel müssen dem Umweltbundesamt gemeldet werden. Der Verbraucher muß über die wichtigsten Inhaltsstoffe und über die richtige Dosierung bei phosphathaltigen Wasch- und Reinigungsmitteln informiert werden. Die Novelle des „Wasch- und Reinigungsmittelgesetzes – WRMG" von 1987 hat unter anderem zu einer Erweiterung des Geltungsbereiches (z. B. auf Weichspüler) geführt. Verbessert wird die Beschriftung auf der Verpackung; dem Umweltbundesamt sind ausführlichere Informationen zu geben.

Die Verordnung über Höchstmengen für Phosphate in Wasch- und Reinigungsmitteln **(Phosphathöchstmengenverordnung)** von 1980 legt Höchstmengen für den Phosphatgehalt in Wasch- und Reinigungsmitteln zur Reinigung von Textilien im Haushalt und Wäschereien fest. Danach mußte der Phosphatgehalt der von der Verordnung erfaßten Produkte – je nach Typ – um bis zu 50 % gegenüber den Werten von 1975 gesenkt werden; auf diese Weise wurde die Belastung der Gewässer durch Phosphate aus Waschmitteln von 40 % (1975) auf 25 % (1983) gesenkt. Inzwischen werden (seit 1986) in deutschen Waschmitteln keine Phosphate mehr verwendet. In Reinigungsmitteln spielen Phosphate nur noch eine untergeordnete Rolle. Die Hauptbelastung mit Phosphaten erfolgt heute durch Haushaltsabwässer und Düngemittelverluste der Landwirtschaft. Um das „Umkippen" von Seen und Flüssen durch Überdüngung vollständig zu bannen, müssen weitere Maßnahmen folgen, insbesondere der verstärkte Ausbau der Kläranlagen durch die Fällungsbehandlung sowie Maßnahmen in der Landwirtschaft.

Auch andere Umweltgesetze, wie das 1980 in Kraft getretene **„Gesetz zur Bekämpfung der Umweltkriminalität"** oder das seit 1982 geltende **„Chemikaliengesetz"** dienen dem Gewässerschutz.

Das Umweltkriminalitätsgesetz faßt die wichtigsten Tatbestände zum Schutz der Umwelt und insbesondere auch zum Schutz der Gewässer in einem neuen Abschnitt des Strafgesetzbuches zusammen. Selbst der Versuch einer Gewässerverschmutzung ist strafbar!

Das Chemikaliengesetz von 1980 schreibt für alle Chemikalien, die neu auf den Markt gebracht werden, umfassende Prüfungen vor und dient damit auch dem vorbeugenden Gewässerschutz.

Mit der novellierten **Störfallverordnung** (Sept. 1988) soll weitergehende Vorsorge gegen Schadensfälle mit gefährlichen Stoffen in Industrieanlagen erreicht werden. Zum Beispiel wurde die Liste der wassergefährdenden Stoffe auf über 300 verdoppelt und niedrigere Schwellenwerte angesetzt.

Gefahren, die durch die Anwendung von Pflanzenschutzmitteln für das Grundwasser sowie den Naturhaushalt entstehen können, sollen mit dem **Pflanzenschutzgesetz** abgewendet werden.

Besondere Vorschriften schützen das Trinkwasser. Die **Trinkwasserverordnung** regelt, wie „gut" das Trinkwasser sein muß. Sie gibt für eine Reihe von Inhaltsstoffen Grenzwerte an. Dazu gehören Grenzwerte für Krankheitserreger ebenso wie für organische und anorganische Substanzen sowie für Pflanzenschutzmittel. Auch nicht ausdrücklich genannte Stoffe darf das Trinkwasser nur in Konzentrationen enthalten, die bei dauernder Aufnahme nicht gesundheitsschädlich sind. Die Wasserwerke sind verpflichtet, das von ihnen abgegebene Trinkwasser regelmäßig zu untersuchen.

Die Europäische Gemeinschaft hat 1980 in einer **„Richtlinie über die Qualität von Wasser für den menschlichen Gebrauch"** eine Reihe weiterer Grenzwerte für Inhaltsstoffe festgelegt. Ihnen muß das Trinkwasser in den Mitgliedsländern genügen.

Zum **Schutz der Ostsee** wurde 1975 in Helsinki von den sieben Anliegerstaaten ein Übereinkommen unterzeichnet, das 1980 in Kraft getreten ist. Mit diesem Übereinkommen wurde erstmals der zukunftsweisende Versuch unternommen, einen Meeresraum umfassend vor den verschiedenen Arten der Verschmutzung zu schützen. Es beinhaltet u. a. Regelungen zur Verhütung der Meeresverschmutzung durch Schiffe, die Beschränkung der Schadstoffeinleitung vom Land aus und ein Verbot der Einbringung von Abfällen. Beim Aufbau eines Überwachungsnetzes konnten bereits gute Fortschritte erzielt werden. An der Festlegung von Grenzwerten für besonders schädliche Substanzen und an der Formulierung von Qualitätszielen für Meeresumwelt wird kontinuierlich gearbeitet.

1983 wurde die Ostsee zum weltweit anerkannten Sondergebiet erklärt. Seitdem gelten schärfste Verbote für das Einleiten von Chemikalien- und/oder Ölrückständen sowie Schiffsmüll. 1988 verpflichteten sich die Staaten des Helsinki-Abkommens (Bundesrepublik Deutschland, Dänemark, DDR, Finnland, Polen, Schweden und die Sowjetunion), die Gesamtmenge der die Ostsee belastenden Schadstoffe (Schwermetalle, Kohlenwasserstoffe, sauerstoffzehrende Nährstoffe) spätestens bis 1995 auf die Hälfte zu verringern.

Die 1988 von den Umweltministern der Ostseeanrainerstaaten beschlossene 50 %ige Reduzierung der Schadstoff-Nährstoff-Belastungen bis 1995 wurde auf der Ostseekonferenz der Regierungschefs im September 1990 bestärkt. Außerdem wurde ein Ostsee-Aktionsprogramm in Auftrag gegeben, in die die internationalen Finanzinstitute Weltbank, Nordische Investitionsbank, Europäische Investitionsbank und Europäische Bank für Wiederaufbau einbezogen wurden. 1992 wurden Grundzüge eines auf 20 Jahre angelegten internationalen Ostsee-Aktionsprogramms mit Gesamtinvestitionskosten von mindestens 18 Mrd. ECU verabschiedet. Dieses soll mit gezielten Schwerpunktmaßnahmen die ökologisch dringend erforderliche Sanierung der Ostsee ankurbeln. Das Programm benennt 132 „hot spots", d. h. Bereiche, in denen prioritäre Maßnahmen erforderlich sind. 98 hot spots liegen in den östlichen, ehemals sozialistischen, Ostseeanrainerstaaten. Deutschland ist mit 7 kommunalen Kläranlagen, überwiegend in Mecklenburg-Vorpommern, sowie Maßnahmen in der Landwirtschaft an dem Programm beteiligt.

Angesichts der schwierigen wirtschaftlichen Situation insbesondere in den östlichen Ostseeanliegerstaaten kommt der Sicherstellung der Finanzierung des Programms entscheidende Bedeutung zu. Aus diesem Grunde fand unter maßgeblicher Beteiligung der internationalen Banken am 24./25. März 1993 in Danzig eine internationale Konferenz statt, auf der finanzielle und wirtschaftliche Fragen erörtert sowie Grundelemente und Strukturen der Umsetzung niedergelegt wurden.

Flankiert werden die maßnahmenbezogenen Aktionsprogramme durch das neue Übereinkommen über den Schutz der Meeresumwelt des Ostseegebiets, welches die Ostseeanrainerstaaten auf der Ministerkonferenz am 9. April 1992 zeichneten. Dieses neue Helsinki-Übereinkommen entwickelt das alte Übereinkommen von 1974 fort und schreibt die in den letzten 20 Jahren erzielten Fortschritte im Meeresumweltschutz rechtsverbindlich fest. Als wesentliche Neuerungen sind u. a. zu nennen:

- Die Verankerung des Vorsorge- und des Verursacherprinzips.
- Die grundsätzliche Verpflichtung zur Anwendung der „besten Umweltpraxis" für alle Verschmutzungsquellen sowie des „Standes der Technik" bei Punktquellen.

- Aufnahme von Naturschutz und Artenvielfalt als Konventionsziel.

Das Übereinkommen zur Verhütung der Meeresverschmutzung vom Lande aus von 1974 (Pariser Konvention) soll die **Nordsee** und den **Nordost-Atlantik** vor der Zuführung gefährlicher Stoffe über die Wasserläufe oder durch direkte Einleitung von der Küste aus schützen. Das Übereinkommen gilt für die Hohe See, Küstenmeere und Wattenmeere. Es ist in der Bundesrepublik Deutschland seit 1981 in Kraft.

Zum Schutze der Norsee haben die Anrainerstaaten auf verschiedenen Nordseeschutz-Konferenzen (1984 in Bremen, 1990 in Den Haag, nächste vorgesehen 1995 in Dänemark) eine schrittweise Verringerung der Belastungen beschlossen. 1991 wurde die Nordsee zum Sondergebiet für Schiffsabfälle mit weitreichenden Verboten für das Überbordgeben jeglichen Schiffsabfalls erklärt. Von den Mitgliedsstaaten der EG werden seit 1992 keine Abfälle aus der Titandioxid-Produktion mehr in die Nordsee eingebracht. Die Verbrennung von flüssigen giftigen Abfällen auf See ist seit 1. 1. 1993 verboten. Vom Gebiet der Bundesrepublik Deutschland wurde bereits 1982 das Einbringen organisch belasteter Dünnsäure, 1983 die Verklappung von Klärschlamm und 1984 die Einbringung von Grünsalz eingestellt. Seit 1990 werden aus der Bundesrepublik Deutschland keine Abfälle mehr auf See beseitigt.

Ein besonders wertvolles wie auch im höchsten Maße gefährdetes Ökosystem stellt das Wattenmeer dar. Dänemark, die Niederlande und Deutschland haben 1991 vereinbart, das gesamte Wattenmeer zu einem internationalen Schutzgebiet zu machen. Dazu gehören einheitliche scharfe Schutzbestimmungen, die weitere Verminderung der Muschelfischerei (in Deutschland seit 1. 3. 1992 verboten) und die Errichtung eines umfassenden Beobachtungs- und Überwachungsprogrammes.

8. Viel Geld und Geist für besseres Wasser

Die vom Bund und den Ländern geschaffenen Wassergesetze haben – unterstützt durch eine Vielzahl finanzieller Hilfen und steuerlicher Anreize – auf breiter Front Investitionen und Innovationen für den Gewässerschutz ausgelöst.

Allein im öffentlichen Bereich wurden von 1970 bis 1990 etwa dreiundzwanzig Milliarden DM für den Bau von Kläranlagen eingesetzt. Hinzu kamen etwa 67 Milliarden DM für den Bau von Kanalisationen. Die Hauptlast dieser Investionen haben die Kommunen getragen.

Der Bund hat im Rahmen seiner verfassungsrechtlichen Möglichkeiten Finanzierungshilfen für besonders dringliche Gewässerschutzmaßnahmen gegeben. In die „Rhein-Bodensee-Sanierungsprogramme" flossen zum Beispiel über achthundert Millionen DM. Für den Bau zentraler Abwasserbehandlungsanlagen (im Rahmen der Bund-/Länder-Gemeinschaftsaufgabe „Verbesserung der Agrarstruktur und des Küstenschutzes") wurden über sechshundert Millionen DM aufgewendet.

Neben direkten Finanzierungshilfen konnten auch Kredite aus dem ERP-Sondervermögen, Sonderabschreibungen im Rahmen des Einkommensteuergesetzes und steuerfreie Zulagen nach dem Investitionszulagengesetz gezielt für Gewässerschutzmaßnahmen eingesetzt werden.

Eine neue große Herausforderung ist mit der deutschen Vereinigung entstanden: Der Zustand der Gewässer in den neuen Ländern ist besorgniserregend. Die starke Verschmutzung führt zum Beispiel dazu, daß der Sauerstoffgehalt in Elbe, Saale, Mulde, Pleiße, Schwarzer und Weißer Elster viel zu niedrig ist. Die Verunreinigung z. B. durch Schwermetalle und Fäkalien ist dagegen hoch. Die Werra weist einen extremen Salzgehalt auf. Auch das Grundwasser ist zum Teil stark verschmutzt. Das zeigt sich z. B. an der hohen organischen Belastung und an Nitratkonzentrationen weit über dem zulässigen Grenzwert.

Die Bundesregierung hat sich zum Ziel gesetzt, schnell gleiche Umweltbedingungen in Ost und West auf hohem Niveau herzustellen. Zur Erreichung dieses Zieles hat die Bundesregierung mit Sofortmaßnahmen und Nothilfeprogrammen, mit Pilot- und Modellprojekten sowie umfangreichen Sanierungsstudien sofort nach der deutschen Einheit zur Sanierung der neuen Länder beigetragen. Einen hohen Stellenwert hat hierbei der Gewässerschutz.

Um z. B. die Elbe, derzeit Deutschlands *dreckigster* Fluß, zu sanieren, unterzeichneten bereits am 8. Oktober 1990 die Bundesrepublik, die CSFR und die EG-Kommission eine Vereinbarung zur Gründung der „Internationalen Kommission zum Schutze der Elbe“. Im Dezember 1991 verabschiedete diese Kommission bereits das erste Aktionsprogramm zur Reduzierung der Schadstofffrachten in der Elbe und ihrem Einzugsgebiet.

Im Rahmen dieses Programms sollen in einem ersten Schritt bis spätestens 1995 entlang der Elbe die bereits im Bau befindlichen Kläranlagen für Städte mit mehr als 20 000 Einwohner fertiggestellt werden. Weitere Kläranlagen für Städte mit mehr als 50 000 Menschen folgen.

Aber auch die chemische und pharmazeutische Industrie, die Zellstoff- und Papierindustrie und die metallverarbeitende Industrie, die noch heute ungereinigte Abwäser in die Elbe leiten, erhalten Unterstützung beim Bau der längst überfälligen Kläranlagen. Das alles mit dem Ziel, die Elbe bis zum Jahr 2000 so sauber wie den heutigen Rhein zu machen. Von den 1991 und 1992 bereitgestellten Mitteln für die Umweltsanierung (mehr als 800 Millionen DM) flossen 36 % in die Abwasserreinigung und 19 % in die Wasserversorgung.

Neben dem praktischen Handeln müssen auch die theoretischen Grundlagen weiterentwickelt werden, um z. B. das zur Verfügung stehende Instrumentarium immer weiter zu verbessern. Deshalb hat die Bundesregierung durch ressortbezogene Schwerpunktprogramme seit Mitte der 70er Jahre für die Forschung und Entwicklung mehrere hundert Millionen DM an Forschungsmitteln bereitgestellt. Schwerpunkte bilden hier das Forschungsprogramm „Neue Technologien der Abwasser- und Schlammbehandlung“ des Bundesminsters für Forschung und Technologie und der Umweltforschungsplan des Bundesumweltministers, der im wesentlichen vom Umweltbundesamt ausgeführt wird.

Die Forschungsschwerpunkte sind in den Bereichen Gewässerschutz und Abwassertechnologie insbesondere auf folgende Programmziele ausgerichtet:

- Optimierung der kommunalen Abwasserbehandlung,
- Weiterentwicklung der Behandlung von industriellem und gewerblichem Abwasser,
- Entwicklung abwasserarmer Produktionsmethoden, zur Scho-

nung der Wasserreserven einschließlich Aufbereitung von Abwasser zu industriellem Brauchwasser,

- Entwicklung von Verfahren zur Behandlung und Verwertung von Klärschlamm,
- Sanierung bereits geschädigter Gewässer,
- Erarbeitung technisch-wissenschaftlicher Grundlagen zur Verbesserung des Vollzuges, z. B. im Bereich der Wasseranalytik.

Für die Grundlagenforschung, insbesondere an den Hochschulen, konnten von der Deutschen Forschungsgemeinschaft seit Mitte der 70er Jahre jährlich Mittel in Höhe von 20 bis 25 Mio. DM als Zusatzfinanzierung – überwiegend bei der Forschung auf dem Gebiet des Gewässerschutzes – zur Verfügung gestellt werden.

Wichtige Ergebnisse von Forschungs- und Entwicklungsvorhaben werden durch Veröffentlichung oder Statusseminare der Öffentlichkeit vorgestellt, um weitere Anreize für Forschung und Entwicklung im Verursacherbereich zu geben oder die Ergebnisse unmittelbar in die Praxis umzusetzen.

Öffentlich geförderte Vorhaben haben dadurch Folgemaßnahmen auf Seiten der Industrie ausgelöst, die wiederum positive Wirkung auf die Gewässer haben.

In den Bereichen Gewässerschutz und Abwassertechnologie ist auch weiterhin eine konsequente Fortführung der Förderung von Forschung und Entwicklung vorgesehen. Dies gilt im übrigen auch – wegen der bekannten Auswirkungen auf die Gewässer – für andere Umweltbereiche wie die Luftreinhaltung und Abfallbeseitigung.

Versäumnisse würden zu Schäden führen, die in Zukunft nicht mehr oder allenfalls bei wesentlich höheren Kosten behoben werden könnten. Versäumnise in Forschung und Entwicklung würden aber auch den Entwicklungsvorsprung, den die deutsche Vermeidungstechnologie erreicht hat, gefährden und damit ihre guten Absatzchancen im In- und Ausland vermindern.

9. Meßbare Erfolge – viele Probleme

Die Gewässerschutzmaßnahmen von Industrie, Bund, Ländern und Gemeinden sind in den alten Bundesländern nicht ohne Wirkung geblieben. Durch den verstärkten Bau von Kläranlagen und die erheblichen Fortschritte in der biologischen Abwasserreinigung hat sich die Gewässergüte dort gegenüber dem Zustand Mitte der 70er Jahre im Mittel um eineinhalb bis zwei Güteklassen verbessert.

Die Phosphathöchstmengenverordnung hat bewirkt, daß die Gewässerbelastung durch Waschmittelphosphate von 42 000 Tonnen Phosphor 1975 auf unter 9000 Tonnen im Jahre 1990 zurückgegangen ist. Die Hersteller verwenden jetzt überwiegend andere Stoffe als Phosphat, so daß fast alle Waschmittel phosphatfrei sind.

Die Fortschritte beim Gewässerschutz wurden am Rhein besonders deutlich:

- Der durchschnittliche Sauerstoffgehalt im Rhein (gemessen bei Bimmen an der niederländischen Grenze) stieg seit 1971 von ca. 4 auf 9 Milligramm pro Liter an und lag damit wieder im Bereich der Sättigung;
- aufgrund der verbesserten Sauerstoffverhältnisse ging die Belastung mit Ammonium, einer Stickstoffverbindung, auf etwa ein Zehntel der Werte Anfang der 70er Jahre zurück;
- die Schwermetallgehalte im Rhein sind spürbar zurückgegangen. Die Konzentration von Quecksilber und Cadmium sanken auf Werte unterhalb der Bestimmungsgrenze;
- auch bei Polychlorierten Biphenylen (PCB) oder den aus der Zellstoffindustrie stammenden Ligninsulfonsäuren konnte eine Verbesserung der Belastungssituation festgestellt werden.

Diese erfreulichen Entwicklungen dürfen jedoch keinen Anlaß geben, die Hände in den Schoß zu legen. Sie ermutigen aber dazu, die bisherigen Anstrengungen konsequent fortzusetzen, damit sich der Zustand unserer Gewässer auch weiterhin positiv entwickelt.

Im Hinblick auf die Situation in den neuen Bundesländern sind dabei besondere und schnell wirksame Maßnahmen vonnöten, um die Güte der Oberflächengewässer zu verbessern und die Versorgung der Bevölkerung mit gutem Trinkwasser sicherzustellen.

Gemeinsam müssen wir uns – in Ost wie in West – auf die problematischen Stoffe konzentrieren. Dazu zählen beispielsweise Schwermetalle wie Cadmium oder Quecksilber sowie eine Reihe organischer Chlorverbindungen, die u. a. Probleme bei der Trinkwasserversorgung verursachen. Hier wird es künftig, auch aus Vorsorgegründen, darauf ankommen, die auftretenden Mengen drastisch zu verringern.

Unser besonderes Augenmerk müssen wir auf den Schutz des Grundwassers legen. Denn unser Grundwasser ist unsere wertvollste, zugleich aber auch gefährdetste Wasserressource und muß deshalb in Zukunft wirksamer als bisher geschützt werden. Insbesondere müssen alle Betreiber von Deponien, Fernleitungen, Grundwasserwärmepumpen, innerbetrieblichen Verbindungs- und Entsorgungsleitungen, von Lager- und Transporteinrichtungen für wassergefährdende Stoffe sowie Land- und Forstwirtschaft verpflichtet werden, den jeweiligen Stand der Technik zur Vermeidung von Grundwasserbeeinträchtigungen einzusetzen.

Neue Überlegungen und Anforderungen ergeben sich aus dem EG-Binnenmarkt ab 1993. Die Gemeinschaft hat anerkannt, daß Grundwasser ein „natürlicher Rohstoff von sowohl ökologischem als auch ökonomischem Wert und von entscheidender Bedeutung für ein umweltgerechtes Leben ist." Die EG-Umweltminister haben daraus folgernd ein Grundwasseraktionsprogramm entwickelt, das bis zum Jahre 2000 national und durch die EG umzusetzen ist.

Vor allem muß der Verwendung des Grundwassers für die Trinkwasserversorgung hohe Priorität eingeräumt werde. Dabei hat die öffentliche Wasserversorgung Vorrang, während die Industrie ihren Wasserbedarf nach Möglichkeit aus Oberflächenwasser decken sollte.

In Forschung und Entwicklung werden die künftigen Schwerpunkte in der Förderung abwasserfreier oder abwasserarmer Produktionstechnologien, weitergehender Abwasserreinigungsverfahren auch mit dem Ziel der Wiederverwendung von Abwasser und in der Fortentwicklung der Analyse und Meßtechnik zur genaueren Bestimmung von Schadstoffen im Abwasser, in den Oberflächengewässern und im Grundwasser, liegen.

Es sollte aber auch untersucht werden, ob und wie der hohe Wasserbedarf in unseren Haushalten gedämpft werden kann, ohne daß der erlangte Lebensstandard und die Hygiene in Frage gestellt werden.

Wörterbuch* „Wasser und Umwelt“

Verwendete Abkürzungen:

BGBl	=	Bundesgesetzblatt
GMBl	=	gemeinsames Ministerialblatt
i. a.	=	im allgemeinen
i. d. R.	=	in der Regel
RGBl	=	Reichsgesetzblatt
u. a.	=	unter anderem
u. ä.	=	und ähnliches(m)
u. U.	=	unter Umständen
z. B.	=	zum Beispiel
z. Z.	=	zur Zeit

---

* **fettgedruckte Wörter** verweisen auf weitere Stichwörter

(Patente, Gebrauchsmuster und Warenzeichen werden nicht als solche ausgewiesen. Bestehende Verwertungsrechte u. ä. werden nicht erwähnt. Die Angabe von Markennamen, Herstellern u. ä. erfolgt stets nur beispielshalber.)

A

Abbau

Chemische Verbindungen werden durch physikalische, chemische und/oder biologische Vorgänge in einfacher gebaute Stoffe zerlegt. Man unterscheidet den nicht biologischen (abiotischen) und den biologischen A. Der abiotische A. von Wasserinhaltsstoffen kann z. B. durch **Oxidation**, **Reduktion** sowie durch Lichtenergie (= **Photoabbau**) erfolgen. Der biologische A. von Stoffen ist eine Leistung lebender Organismen. Nach der Abbaustufe (Ausmaß des molekularen Abbaus) unterscheidet man vor allem den **Primärabbau**, den **Totalabbau** und die **Mineralisation**.

Die einzelnen Verbindungen werden in den verschiedenen Umweltmedien (Luft, Wasser, Boden) unterschiedlich stark abgebaut. In den Bereichen Wasser und Boden spielt der biologische A. u. a. durch **Mikroorganismen** (speziell **Bakterien** und Pilze), eine entscheidende Rolle. Durch den A. werden einerseits die in den abgestorbenen Lebewesen gebundenen Stoffe wieder dem natürlichen Stoffkreislauf zugeführt. Andererseits erfolgt durch den stufenweisen A. schädlicher in die Umwelt gelangter Produkte deren Entgiftung. Große Mengen im Abwasser enthaltener **leicht abbaubarer Stoffe** werden auf diese Weise in **Kläranlagen** unschädlich gemacht. Eine Zerlegung **schwer abbaubarer Stoffe** ist hier dagegen nur in geringem Maße möglich, so daß ein erheblicher Teil von ihnen anschließend in die natürlichen Gewässer gelangt. Bei den Bemühungen um eine Herabsetzung der Gewässerbelastung durch schwer abbaubare Stoffe kommt daher auch deren Einsatz durch leicht abbaubare, ungefährliche Stoffe große Bedeutung zu. Die Geschwindigkeit, mit der der A. eines Stoffes in einem Medium (Wasser, Boden, Luft) unter dort vorliegenden Bedingungen erfolgt, wird oft anhand der **Halbwertzeit** angegeben: darunter versteht man diejenige Zeit, nach der die Hälfte der ursprünglich vorhandenen Menge des betreffenden Stoffes abgebaut oder umgewandelt ist.

Abfallbeseitigung auf Hoher See
→ Hohe-See-Einbringungsgesetz

Abflußreiniger → Rohrreiniger

A

Abiotischer Abbau → Abbau

Absetzbare (Schwebe-)Stoffe
Feststoffe, die z. B. mit Abwasser fest-flüssige Gemische (sog. Suspensionen) bilden. A. S. können durch Anwendung des Schwerkraftprinzips vom Wasser getrennt werden. Dieser Vorgang erfolgt in **Absetzbecken**, Klärteichen, **Sandfängen** und Eindickern.
→ **Ungelöste Stoffe**

Absetzbecken
Sammelbecken zur Entfernung **absetzbarer Stoffe** aus den das Becken langsam durchfließenden **Abwässern**.
→ **Phosphatelimination**

Absorption
Aufnahme von Gasen, Dämpfen, gelösten Stoffen u. elektromagnetischen Wellen z. B. in Flüssigkeiten.
→ **Adsorption, Resorption**

Abwärme
Bei der Erzeugung elektrischer Energie in Kraftwerken sowie bei der industriellen Produktion fällt als Nebenprodukt Wärme an, die unter den derzeitigen technischen und wirtschaftlichen Bedingungen meist nicht weiter genutzt wird. Ein großer Teil der A. gelangt über **Kühlwasser**ableitungen in die Oberflächengewässer. In Gewässern führt die Wärmebelastung zu einer Senkung des Sauerstoff-Sättigungswertes und damit der verfügbaren Sauerstoffmenge. Im erwärmten Wasser beschleunigen sich außerdem **Abbau**prozesse. Dadurch wird noch mehr Sauerstoff verbraucht. Hierdurch kann sich besonders in verschmutzten Gewässern die Gewässergüte weiter verschlechtern. Solche Prozesse können auch die Trink**wasseraufbereitung** aus **Uferfiltrat** stören, da die hier entstehenden Fäulnisprodukte zu Geruchs- und Geschmacksbeeinträchtigungen führen können. Auf nationaler und internationaler Ebene sind Anstrengungen unternommen worden, die Gewässer vor thermischer Überlastung zu schützen. Allgemein werden 35° Celsius als Höchsttemperatur für Kühlwassereinleitungen angegeben.
 → **Kühltürme**

Abwasser

Durch häuslichen, gewerblichen, industriellen, landwirtschaftlichen und sonstigen Gebrauch in seinen natürlichen Eigenschaften verändertes Wasser.
Hierzu gehört auch das aus bebauten Gebieten (befestigten/versiegelten Flächen) abfließende Niederschlagswasser. Abwasser kann vielfältige Verunreinigungen enthalten. Sie können in folgende wesentliche Belastungs- und Schadstoffgruppen unterteilt werden:
- leicht abbaubare organische Stoffe,
- schwer abbaubare organische Stoffe,
- Pflanzennährstoffe,
- Schwermetallverbindungen,
- **Salze** und
- **Abwärme**.

Um die Gewässer zu schützen, müssen die Schadstoffe durch Behandlung des Abwassers und andere Maßnahmen möglichst weitgehend reduziert werden.
→ **Metalle**.

Abwasserabgabengesetz

Das A. wurde am 13. 09. 1976 erlassen (BGBl. I, S. 2721, berichtigt S. 3007), trat am 01. 01. 1978 in Kraft und sieht eine Abgabepflicht ab 01. 01. 1981 vor. Das Gesetz wurde zuletzt am 06. 11. 1990 (BGBl. I, S. 2432) geändert. Auf der Grundlage des A. müssen Einleiter schädlichen **Abwassers** (Gemeinden, Industrie) eine Abgabe zahlen. Die Höhe der Abwasserabgabe richtet sich nach der Schädlichkeit des eingeleiteten Abwassers. Für die Bestimmung der Schädlichkeit werden die Abwassermenge, die oxydierbaren Stoffe (in **chemischem Sauerstoffbedarf**), die **Schwermetalle Quecksilber, Cadmium, Nickel, Chrom, Blei, Kupfer** und die organischen Halogenverbindungen (**AoX**) sowie die Fischgiftigkeit des Abwassers der Bewertung zugrunde gelegt (§ 3 in Verbindung mit Anlage A). Die Schädlichkeit wird durch den Meßwert „Schadeinheit“ (SE) ausgedrückt. Eine SE entspricht etwa der Schädlichkeit ungereinigten Abwassers eines Einwohners pro Jahr (Einwohnergleichwert). Je geringer die Schädlichkeit eines Abwassers ist, um so geringer ist auch die Abwasserabgabe. Die Abwasserabgabe soll daher dazu

A anreizen, die Schädlichkeit der Abwässer durch Vermeidungsmaßnahmen, nämlich Abwasserbehandlung, Einführung abwasserarmer oder abwasserloser Produktionsverfahren und Einführung umweltfreundlicher Produkte („Umweltzeichen") zu vermindern. Die für eine SE zu entrichtende Abwasserabgabe (Abgabensatz) betrug 1981 DM 12,–. Der Abgabesatz steigerte sich jährlich und beträgt seit 1993 DM 60,–/SE. Werden Menge und Schädlichkeit der Abwässer durch Vermeidungsmaßnahmen soweit vermindert, daß sie den **Mindestanforderungen** nach § 7a **Wasserhaushaltsgesetz** oder den in der **wasserrechtlichen Erlaubnis** der Einleitung gesetzten strengeren Anforderungen entsprechen, so ermäßigen sich die Abgabesätze je Schadeinheit um 75% (§ 9 Abs. 5). Weitere lineare Ermäßigungen bei entsprechenden Behandlungsmaßnahmen sind möglich. Bei Einhaltung des Standes der Technik bietet die mögliche Reduzierung auf 20% einen zusätzlichen Anreiz. Das Aufkommen der Abwasserabgabe ist für Maßnahmen, die der Erhaltung oder Verbesserung der **Gewässergüte** dienen, zweckgebunden (§ 13).

Abwasserableitung → Kanalisation

Abwasseranfall

Im Durchschnitt rechnet man in Mittel- und Westeuropa mit einem A. von 100 bis 250 Litern pro Einwohner und Tag.
1987 insgesamt angefallene **Abwässer** nach Herkunftsanteilen und Mengen angegeben:

Nr.	Herkunftsbereiche	Mengen[1] Mrd. m^3/a	Anteile in %
1	Häusliches Abwasser	3,1	35,2
2	Abwasser von Gewerbebetrieben[2]	1,1	12,5
3	Fremd- und Regenwasser	4,6	52,3
4	gesamt	8,8	100

[1] bezogen auf die 1987 an Kläranlagen angeschlossenen Einwohner (55 Mio.)

[2] Einschließlich Abwasser landwirtsch. Betriebe, ohne kleingewerbliches Abwasser

Als Faustregel kann gelten, daß das im kommunalen Bereich anfallende Abwasser insgesamt zu etwa je einem Drittel aus Fremdwasser, häuslichem Abwasser und kleingewerblich/industriellem Abwasser besteht. In Industriegebieten und Betrieben der öffentlichen Stromversorgung, die ihre Abwässer und Kühlwässer über werkseigene Kanalisationen unmittelbar in die Gewässer einleiten (Direkteinleiter), sind 1987 folgende weiteren Kühl- und Abwassermengen angefallen:

- Industrie (Direkteinleiter) 9,4 Milliarden m^3/Jahr
- Öffentliche Stromversorgung 29,9 Milliarden m^3/Jahr

Insgesamt sind 1987 48 Milliarden m^3 Abwasser und **Kühlwasser** in die Gewässer eingeleitet worden.

→ **Wasserbedarf**

Abwasserbehandlungsanlage → Abwasserreinigung, Kläranlage

Abwasseranlagen

Unter A. versteht man alle Einrichtungen zur Abwasserbeseitigung, insbesondere zum Sammeln, Fortleiten, Behandeln, Einleiten, Versickern, **Verregnen** und **Verrieseln** sowie zum Entwässern von **Klärschlamm** im Zusammenhang mit der Abwasserbeseitigung. A. sind unter Berücksichtigung der Benutzungsbedingungen und Auflagen für das Einleiten von **Abwasser** (§§ 4 und 5 WHG) nach den hierfür jeweils in Betracht kommenden **Regeln der Technik** zu errichten und zu betreiben. Hierzu zählen insbesondere die technischen Bestimmungen für den Bau, den Betrieb und die Unterhaltung von A. Entsprechen vorhandene Anlagen nicht diesen Vorschriften, so haben die Länder sicherzustellen, daß die erforderlichen Maßnahmen durchgeführt werden (§ 18b Abs. 2 in Verbindung mit § 7a Abs. 2 WHG).

Abwasserbeseitigungspläne

A. (§ 18a Abs. 3 WHG) gehören zu den Planungsinstrumenten des **Wasserhaushaltsgesetzes** (WHG). A. werden von den Ländern nach überörtlichen Gesichtspunkten aufgestellt (§ 18a Abs. 3 Satz 1 WHG) und sollen im Interesse des Gewässerschutzes eine optimale Behandlung der Abwässer durch Festlegung entsprechender Planziele gewährleisten. Die A. bauen auf den Festlegungen der **wasserwirtschaftlichen Rahmenplanung** auf, welche die wasserwirtschaftliche Grundlage für die Aufstellung der A. bilden. In den A. sind insbesondere die Standorte für bedeutsame Anlagen zur Behandlung von Abwasser, ihr Einzugsbereich, Grundzüge für die Abwasserbehandlung sowie die Träger der Maßnahmen festzulegen (§ 18a Abs. 3 Satz 2 WHG). Diese Aufzählung des Mindestinhalts von A. ist nicht erschöpfend. Den Ländern bleibt es überlassen, einzelne oder sämtliche Festlegungen der A. für andere Behörden, Planungsträger, Abwasserbeseitigungspflichten und sonstige Dritte für verbindlich zu erklären (§ 18a Abs. 3 Satz 3 WHG).

Abwassereinleitung

Die Einleitung von **Abwasser** in oberirdische Gewässer stellt gemäß § 3 Abs. 1 Nr. 4 Wasserhaushaltsgesetz (WHG) einen Benutzungstatbestand dar und ist gemäß § 2 in Verbindung mit § 7 WHG erlaubnispflichtig. Durch die 4. Novelle zum WHG ist in dieses Gesetz der § 7a – eine für die Praxis grundlegende Bestimmung – eingefügt worden, durch den die **Mindestanforderungen** festgelegt werden, unter denen eine Erlaubnis für das Einleiten von Abwasser (nur) erteilt werden darf. § 7a WHG ist am 01. 10. 1976 in Kraft getreten. Durch die 5. Novelle zum WHG ist diese Vorschrift verschärft worden: für Abwässer mit gefährlichen Stoffen ist künftig der **Stand der Technik** einzuhalten. Nur wenn dieser eingehalten wird, darf eine Erlaubnis für das Einleiten erteilt werden. Hierzu erläßt die Bundesregierung mit Zustimmung des Bundesrates allgemeine Verwaltungsvorschriften über **Mindestanforderungen** an das Einleiten von Abwasser, die den allgemein anerkannten Regeln der Technik bzw. bei gefährlichen Abwässern dem Stand der Technik entsprechen müssen (§ 7a Abs. 1 Satz 3 WHG).
Die allgemeinen Verwaltungsvorschriften wurden ursprünglich grundsätzlich jeweils für einen bestimmten Herkunftsbereich erlassen. Eine Ausnahme bildeten die 1. AbwVwV (Gemeinden) und die 22. AbwVwV (Mischabwässer), die beide Abwasser aus unterschiedlichen Teilströmen (kommunaler Bereich – gewerblicher Bereich) erfaßten.
Nachdem die Herkunftsbereiche von Abwasser, das gefährliche Stoffe enthält, gem. § 7a Abs. 1 Satz 4 WHG durch die Abwas-

serherkunftsverordnung vom 03. 07. 1987 (BGBl. I, S. 1578, zuletzt geändert durch VO vom 27. 05. 1991, BGBl. I, S. 1197) bestimmt waren, mußten die Verwaltungsvorschriften, die die Anforderungen für diese Stoffe enthielten, fortgeschrieben werden. Dabei konnten sie wesentlich vereinfacht werden. Die in den früheren einzelnen Verwaltungsvorschriften jeweils wiederkehrenden gleichartigen Regelungen wurden in der allgemeinen Rahmen-AbwasserVwV vom 08. 09. 1989 (GMBl. S. 518) zusammengefaßt. In ihrer Anlage sind alle maßgeblichen Analyse- und Meßverfahren beschrieben. In ihre Anhänge wird (der Numerierung der bisherigen Abw VwVen folgend) die Beschreibung des jeweiligen Anwendungsbreichs und die Anforderungen für die einzelnen Herkunftsbereiche aufgenommen.

Abwasserlast

Die Abwasserlast entspricht der Masse der Abwasserinhaltsstoffe im Abwasservolumenstrom je Zeiteinheit. Sie vermindern den Sauerstoffgehalt des Wassers dadurch, indem sie als Substrat der biologischen Oxidation dienen. Die Abwasserlast wird aus dem Quotienten aus **Einwohnergleichwert** und Niedrigwasserabfluß des Gewässers berechnet. Die Abwasserlast-Zahlen können die Belastung eines Gewässers an beliebig vielen Stellen anzeigen, wobei die Selbstreinigung des Gewässers zwischen den Einleitungen berücksichtigt werden muß.

→ **Biologische Selbstreinigung**

Abwasserkonzentration

Masse von Abwasserinhaltsstoffen je Volumeneinheit, z. B. mg/l.

Abwasserreinigung

Sammelbezeichnung für alle Techniken zur Verringerung von Abwasserinhaltsstoffen durch **biologische, chemische** und/oder **mechanische** Verfahren.

Kommunale Abwässer und Abwässer vieler Industriebranchen, die in der Regel und überwiegend organische Abwasserinhaltsstoffe enthalten, müssen heute zumindest vollbiologisch behandelt werden. Sind die Abwässer besonders stark verschmutzt

A oder werden sie in leistungsschwache Gewässer oder in Seen eingeleitet, reichen vollbiologische Verfahren allein nicht aus. Die Abwässer müssen dann „weitgehend“ (in Anlagen der „weitergehenden Abwasserreinigung“) behandelt werden.

Nach den Erfahrungen von 1970 bis 1987 stellt sich die Entwicklung der A. in den alten Bundesländern wie folgt dar:

- die Zahl der an Kanalisationen angeschlossenen Einwohner ist von 31,6 auf etwa 56,5 Millionen angestiegen,
- die Länge des Kanalnetzes ist von 61 000 auf 291 583 Kilometer angestiegen,
- die Zahl der an vollbiologische **Kläranlagen** angeschlossenen Einwohner ist von 40 auf 88% der Gesamteinwohner angestiegen,
- die Menge des vollbiologisch behandelten Abwassers ist von 16% auf 85% angestiegen, bezogen auf die in öffentlichen Kläranlagen behandelten Abwassermengen.

Die Grafik zeigt den prozentualen Anteil der Einwohner, deren Abwasser nach bestimmten Verfahren gereinigt wird.

→ **Abwasserverbrennung, Belebungsanlagen, Desinfektion, Dritte Reinigungsstufen, Fällung, Flotation, Neutralisation, Tropfkörperverfahren, Uferfiltration, Umkehrosmose, Verrieselung, Vorbehandlung**

A

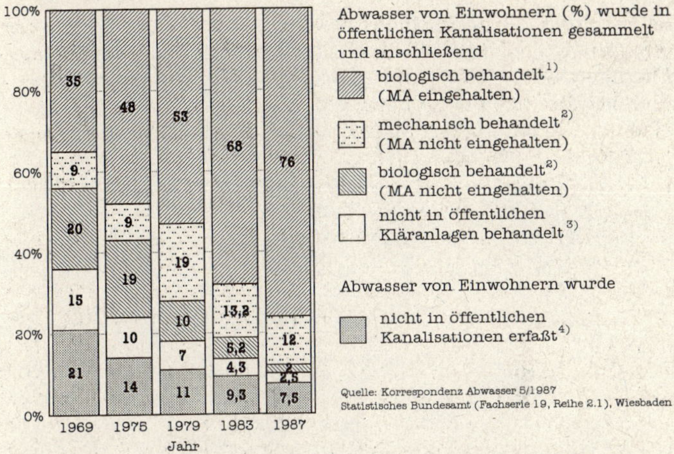

Entwicklung und Stand der öffentlichen Abwasserbeseitigung in den alten Bundesländern

Quelle: Korrespondenz Abwasser 5/1987
Statistisches Bundesamt (Fachserie 19, Reihe 2.1), Wiesbaden

1) Mindestanforderungen (MA) der 1. Abwasser-VwV eingehalten
2) Mindestanforderungen (MA) der 1. Abwasser-VwV nicht eingehalten
3) Abwasser wird vor Einleitung in die öffentliche Kanalisation vielfach in privaten Kleinkläranlagen behandelt
4) Einwohner leben in Gemeinden ohne öffentliche Kanalisation oder in Gemeinden mit öffentlicher Kanalisation, ohne daß ihr Abwasser in diesen Kanalisationen erfaßt wird. Die Abwässer werden jedoch vor der Einleitung in die Gewässer überwiegend in privaten Kleinkläranlagen behandelt.

A

Abwasserreinigungstechnik

Oberbegriff für Technologien zur Reinigung von Abwässern. Kommunale Abwässer und Abwässer vieler Industriebranchen, die in der Regel und überwiegend organische Abwasserinhaltsstoffe enthalten, müssen heute zumindest vollbiologisch behan-

Fließschema des Abwassers

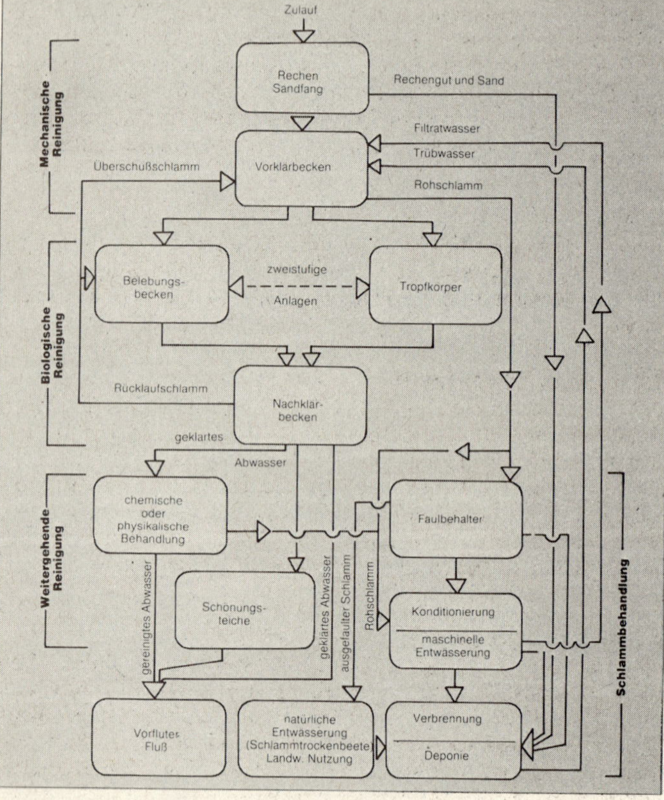

 Quelle: aktions Report Nr. 9/83

delt werden. Sind die Abwässer besonders verschmutzt oder werden sie in leistungsschwache Gewässer eingeleitet, reichen vollbiologische Verfahren nicht aus. Die Abwässer müssen dann in Anlagen der „weitergehenden Abwasserreinigung" behandelt werden.

→ **Abwasserabgabe, Dritte Reinigungsstufen**

Abwassertechnische Vereinigung (ATV)

Technisch-wissenschaftlicher Verein, zu dessen Aufgaben im Bereich des **Abwasser**- und Abfallwesens die Ausarbeitung des ATV-Regelwerkes Abwasser, die wissenschaftliche und praktische Bearbeitung von Fachfragen, die Förderung der Fachausbildung und Fortbildung und die Vertretung gemeinsamer wirtschaftlicher und rechtlicher Belange des Fachgebietes gehören.

Abwasserteich

Teich zur mechanisch-biologischen Reinigung organisch verschmutzter **Abwässer**. Zur Erhöhung der Reinigungsleistung und zur Verringerung des Platzbedarfs kann er zusätzlich belüftet werden.

Abwasserverbrennung

Verfahren, bei denen organische **Abwasser**inhaltsstoffe durch **Oxidation** mit Luftsauerstoff unter vollständiger Verdampfung des Wasseranteils in anorganische Verbrennungsprodukte überführt werden. Die A. bietet sich als technisch erprobtes Verfahren bei hohen Konzentrationen an organischen Abwasserverunreinigungen oder bei Verunreinigungen, die mit anderen Verfahren nicht ausreichend zerstört werden können, an.

Abwasservermeidung

Anwendung **abwasser**armer bzw. abwasserloser Verfahren vor allem im industriellen und gewerblichen Bereich. Hierzu gehört zum Beispiel die Anwendung von Produktionsprozessen ohne Wasserverbrauch, die innerbetriebliche Umstellung auf wassersparende Kreislaufsysteme oder die Verwendung von Trockenkühltürmen anstelle von Naßkühltürmen.

→ **Kreislaufführung**

A

Abwasserverwertung

Weiträumige Verteilung von Abwasser auf land- oder forstwirtschaftlich genutzte Flächen. Die landwirtschaftliche A. wird meist als **Verregnung** nach vorheriger mechanischer Reinigung betrieben. Als A. bezeichnet man auch den Wiedereinsatz von gereinigtem Abwasser im Produktionsprozeß.

Abwasserzweckverband

Vereinigung mit dem Ziel, die Reinigung von **Abwässern** aus verschiedenen Betrieben oder Gemeinden gemeinschaftlich durchzuführen, z. B. in einem sog. Gruppenklärwerk für mehrere Orte. Eine Form des A. stellen Wasser- und Bodenverbände (Genossenschaften) dar (Beispiel: Wupperverband). In diesen Verbänden können auch natürliche und juristische Personen des Privatrechts wie Grundstückseigentümer, Bergwerke oder Industriegebiete Mitglieder sein bzw. zwangsweise beigezogen werden.

→ **Wasserwirtschaftsverband**

Adaption

Allgemein: Anpassung. Bei Lebewesen die Fähigkeit, auf einen äußeren Reiz so zu reagieren, daß das innere Milieu nahezu konstant gehalten wird. Bei Wasserorganismen erfolgt die A. auf sich ändernde Konzentrationen von Wasserinhaltsstoffen, wechselnden Lichtbedingungen usw. Die A. dient hier also der Anpassung auf verschiedenartige Lebensbedingungen und ist in der Regel reversibel. Die irreversible A. ist auf genetische Veränderungen während der Stammesentwicklung zurückzuführen, deren Ursache die Selektion ist.

ADNR

Verordnung über die Beförderung gefährlicher Güter auf dem Rhein. Titel des französischen Originalentwurfs: „Reglement pour le transport des marchandises dangereuses sur la Rhin" (Abkürzung in Anlehnung an den französischen Titel). Für die anderen Bundeswasserstraßen gilt das „Europäische Übereinkommen über die internationale Beförderung gefährlicher Güter auf Binnenwasserstraßen" (ADN) = „Accord europeen relatif au transport international des marchandises dangereuses par voie de navigation interieure").

A

Adsorption

Anlagerung von gasförmigen und gelösten Substanzen an die Oberfläche einer festen Substanz aufgrund atomarer oder molekularer Kräfte. Adsorbenzien haben in der Regel eine große, poröse Oberfläche, an die andere Stoffe angelagert werden können. Daher werden sie z. B. zum Zurückhalten von Schadstoffen als Filterhilfsmittel bei der Reinigung von Abwässern oder Abgasen eingesetzt (Aktivkohle, Zeolithe).

→ **Aktivkohlefilter**

Aerob

Bezeichnung für die Lebensweise von Organismen, die zum Leben Sauerstoff benötigen oder chemische Reaktionsweisen, die nur unter Sauerstoffzufuhr möglich sind.
Die aerobe **Abwasserreinigung** erfolgt in Belebungsbecken durch Mikroorganismen unter Zuführung von Sauerstoff.

→ **Anaerob, Biologische Abwasserreinigung, Eutrophierung**

Ästuare

Flußmündungsgebiete.Viele der in die Nordsee einmündenden Flüsse haben unter dem Einfluß der Gezeiten trichterförmige Mündungen (Ästuare) gebildet. An der deutschen Nordseeküste trifft dies für die Mündungen von Eider, Elbe, Weser und Ems zu.
In Abhängigkeit von Ebbe und Flut finden periodische Verlagerungen der Wasserkörper statt; dabei kommt es zu komplizierten Einschichtungs- und Mischungsprozessen.
Durch die in den Ästuaren stattfindende Vermischung von Süß- und Salzwasser herrschen für die dort lebenden Tiere und Pflanzen stark wechselnde Lebensbedingungen.
In diesem Bereich kommt es zu Entstehung einer natürlichen **Brackwasser-** und Trübungszone, in der sich erhebliche Mengen von Sand, abgestorbenen **Plankton**resten und Schwebstoffen ablagern und Sand- oder Schlicksedimente bilden. Die **Sedimente** können durch Schadstoffe, z. B. Schwermetalle und organische Substanzen (HCB, PCB, HCH) aus Industrieabwässern, kommunalen Kläranlagen oder Abschwemmungen stark belastet sein. Als Folge der hohen Schadstoffbelastung und der Salzgehaltsschwankungen im Brackwasserbereich kann es zu einer Artenverarmung der Tier- und Pflanzenwelt kommen.

A

Um in den Fahrrinnen die notwendige Wassertiefe zu erhalten, wird der abgelagerte Sand und stellenweise auch der Schlick ausgebaggert und in Bereiche größerer Wassertiefe (sog. „Übertiefen") umgelagert oder an Land deponiert, was wegen der möglichen Schadstoffbelastung des **Baggergutes** problematisch ist.

Akkumulation

Vorgang der Anreicherung von chemischen Substanzen in bestimmten Teilen eines belebten (Bio-Akkumulation) oder unbelebten (Geo-Akkumulation) Systems, der sich in höheren Stoffkonzentrationen zeigt.
→ **Halogenierte Kohlenwasserstoffe**

Aktivkohle-Filter

Anlage zur **adsorptiven** Rückhaltung von Stoffen, die sich biologisch entweder sehr schwer oder gar nicht abbauen lassen. A.-Verfahren werden sowohl bei der weitergehenden Abwasserbehandlung (**dritte Reinigungsstufen**) aber auch in der Trink**wasseraufbereitung** eingesetzt
→ **Organische Verbindungen**

Alarmpläne

Trotz aller Vorschriften, technischen Regeln, fachlicher Überwachung und Schulung sind Unfälle mit **wassergefährdenden Stoffen,** die vor allem auf menschliches Versagen zurückzuführen sind, nicht auszuschließen. Deshalb haben die Bundesländer für Unfälle und Katastrophen, die zum Beispiel beim Umgang mit **wassergefährdenden Stoffen** auftreten können, A. aufgestellt. Diese regeln den Einsatz von Personal, technischen Hilfsmitteln sowie die Maßnahmen und den Ablauf der Schadensbekämpfung. Es gibt auch gewässerbezogene A. wie z. B. den „Alarmplan Rhein".

Algen

Photoautotrophlebende ein- oder mehrzellige niedere Pflanzen. Algen können nahezu überall auf der Erdoberfläche vorkommen, an feuchten Standorten, in Trockengebieten, in heißen Quellen oder auf Eis und Schnee.

Sie spielen eine Rolle für die Herstellung von Jod, Düngemitteln, Nahrungs- und Futtermitteln, pharmazeutische Substanzen usw. Einige Algen können Toxine (Giftstoffe) bilden,
→ **Wasserblüte**

Algenblüte (im maritimen Bereich)

Massenentwicklung bestimmter **Algen**arten. Die Frühjahrblüten (vorwiegend Kieselalgen) werden im Sommer von **Plankton**blüten abgelöst. Auch bei niedriger Nährstoffkonzentration im Wasser kommt es zu einer hohen Produktivität. A. kann negative Auswirkungen wie Fischsterben, Sterben wirbelloser Tiere am Meeresboden, Verfärbung des Wassers, Schaumbildung und Geruchsprobleme nach sich ziehen. Einige Algen beeinflussen andere Planktonarten negativ und verursachen damit Veränderungen im **Ökosystem**. Beim Abbau der A. wird Sauerstoff verbraucht, so daß Sauerstoffmangel auftreten kann. A. wird zum einen von erhöhten Nährstoffeinträgen gefördert, ist im erheblichen Maße aber auch von der hydrographischen Situation abhängig (salz- und/oder temperaturbedingte Dichteschichtung des Wassers).
→ **Eutrophierung, Wasserblüte**

Algentoxizität

Giftigkeit von Stoffen/Stoffgemischen für **Algen**. Algen sind im Stoffhaushalt der Gewässer von fundamentaler Bedeutung (u. a. Biomassebildung, Sauerstoffproduktion). Eine Bewertung möglicher oder tatsächlicher Gefahren für Gewässer sollte daher auch die A. berücksichtigen.

Allgemein anerkannte Regeln der Technik
→ Regeln der Technik

Alte Rechte/Alte Befugnisse

Ausnahmen von der grundsätzlichen Erlaubnis- und Bewilligungspflicht bei der Gewässernutzung. Das **Wasserhaushaltsgesetz** erkennt das Weiterbestehen früher erworbener Rechte der Gewässernutzung an, da ansonsten eine entschädigungspflichtige Enteignung dieser vermögenswerten Rechte erforderlich gewesen wäre. Manche Gewässernutzungen gehen zum Teil so

A

auf Rechte zurück, die bereits im 15. oder 16. Jahrhundert erworben wurden.

→ **Erlaubnis- und bewilligungsfreie Benutzungen**

Altlasten

Unter A. versteht man Altablagerungen und Altstandorte, von denen eine Gefährdung für die Umwelt, insbesondere für die menschliche Gesundheit ausgehen kann oder zu erwarten ist.

Altablagerungen sind z. B. verlassene oder stillgelegte Ablagerungsplätze für kommunale oder gewerbliche Abfälle, illegale Ablagerungen aus der Vergangenheit, stillgelegte Aufhaldungen und Verfüllungen mit Produktionsrückständen (auch Bauschutt).

Altstandorte sind z. B. Gründstücke stillgelegter Anlagen, nicht mehr verwendete Leitungs- und Kanalsysteme oder sonstige Betriebsflächen, auf denen mit umweltgefährdenden Stoffen umgegangen wurde.

Altöl

Nach dem Abfallgesetz sind A. gebrauchte halbflüssige oder flüssige Stoffe, die ganz oder teilweise aus Mineralöl oder sythetischem Öl bestehen, einschließlich ölhaltiger Rückstände aus Behältern, Emulsionen und Wasser-Öl-Gemische (§ 5a AbfG, August 1986).

In der Bundesrepublik Deutschland wurden 1990 rund 1,1 Mio t Schmierstoffe abgesetzt, der Altölanteil belief sich auf etwa 600 000 t. Im Altöl finden sich neben dem Basisöl die auf den Verwendungszweck eingestellten Wirkstoffe (sog. Additive), gebrauchsbedingte und nicht gebrauchsbedingte Fremdstoffe. Darunter befinden sich Stoffe, die wassergefährdend/umweltschädlich und/oder gesundheitsschädlich sind, z. B. halogenierte Kohlenwasserstoffe (HKW), polycyclische aromatische Kohlenwasserstoffe (PAH) und gelegentlich immer noch PCB. Bedenklich ist dabei vor allen die hohe Zahl der verwendeten Zusatzstoffe. Besorgniserregend wird das Problem der unübersehbaren Vielzahl möglicher schädlicher Inhaltsstoffe. Allein schon über die Umweltbelatung beim bestimmungsgemäßen Gebrauch ist nichts Näheres bekannt. Dies liegt an der nicht erforderlichen Offenlegung der im Einzelfall vom Hersteller verwendeten

A

Stoffe und an der viel zu geringen Kenntnis von der Veränderung der Stoffe bei ihrem Gebrauch und später in der Umwelt.
Wer gewerbsmäßig Verbrennungsmotoren oder Getriebeöle an Endverbraucher abgibt (z. B. Tankstellen, Werkstätten und Kaufhäuser) ist verpflichtet, eine Altöl-Annahmestelle am Verkaufsort oder in dessen Nähe einzurichten oder nachzuweisen. Diese Altöl-Annahmestelle muß gebrauchte Verbrennungsmotoren- und Getriebeöle bis zur Menge der im Einzelfall abgegebenen Verbrennungsmotoren- und Getriebeöle kostenlos annehmen (Rücknahmepflicht nach § 5a AbfG v. Aug. 1986). Altöl-Annahmestellen sind auch bei den lokalen Stadtreinigungsbetrieben (in kleineren Gemeinden u. U. bei der Feuerwehr) eingerichtet worden, um auch kleine Altölmengen einer ordnungsgemäßen Entsorgung zuzuführen.

Aluminium → Metalle

Ammonium

Anorganische Stickstoffverbindungen, die u. a. beim biologischen **Abbau** organischer Stickstoffverbindungen (z. B. Eiweiße) entstehen. Gelangt A. aus **Kläranlagen,** Düngemittelabschwemmungen u. a. in ein Gewässer, wird es dort unter Sauerstoffverbrauch (-Zehrung) durch **Mikroorganismen** zu Nitrat umgewandelt. Das in Kläranlagen gebildete A. kann durch **Nitrifikation** und **Denitrifikation** weitgehend eliminiert werden. Stickstoffverbindungen fördern das Algenwachstum (**Eutrophierung**).

→ **Abwasserreinigung, Düngung**

Anaerob

Bezeichnung für die Lebensweise von Organismen, die zum Leben keinen freien Sauerstoff benötigen, und für chemische Reaktionsweisen, die unter Ausschluß von Sauerstoff ablaufen.
Die anaerobe Reinigung von Abwässern geschieht in Faultürmen und wird aus Gründen der Energieeinsparung besonders von Industriebetrieben angewandt, und zwar speziell für organisch stark verschmutzte Abwasser.
Das bei dem Faulungsprozeß entstehende Gas (**Biogas**) kann

A

zum Heizen verwendet werden. Eine Vollreinigung ist jedoch auf diesem Wege nicht möglich.
→ **Aerob, Eutrophierung, Klärschlammstabilisation**

Analyse

Zerlegung eines Stoffes in seine Bestandteile, um Art (qualitative A.), Menge (quantitative A.) und/oder Wirkungen (Wirkanalyse) der vorhandenen Grundstoffe oder Verbindungen zu erkennen.
→ **Deutsche Einheitsverfahren**

Anorganische Salze

Größte Gruppe der **anorganischen Verbindungen**. In erheblichen Mengen anfallende und damit umweltrelevante Salze sind vor allem Chloride, **Nitrate**, Sulfate und **Phosphate**. Diese können wegen ihrer meist guten Löslichkeit häufig nur durch aufwendige physikalisch-**chemische ReiÏnigungsverfahren** aus dem **Abwasser** bzw. bei der Trinkwasseraufbereitung entfernt werden.

Anorganische Verbindungen

Bezeichnung für chemische Verbindungen, die keine Kohlenstoffatome enthalten (einige sehr einfache Grundverbindungen des Kohlenstoffs, z. B. Carbonate werden allerdings ebenfalls als anorganisch bezeichnet).

Anoxisch

In der Abwassertechnik üblicher Begriff zur Beschreibung eines Milieus, in dessen (wäßriger) Umgebung kein gelöster, aber chemisch gebundener Sauerstoff (z. B. in Form von Nitrat) vorhanden ist.
→ **Anaerob, Denitrifikation**

Anschluß- und Benutzungszwang

Durch Satzung der Kommunen oder der Verbände begründete Pflicht für Unternehmer, private Haushalte usw., sich der kommunalen Abwasserbeseitigung anzuschließen und ihre Anlagen zu benutzen. Die Kosten werden durch Erhebung von Beiträgen und Gebühren auf die angeschlossenen Benutzer umgelegt.

Antagonistische Wirkungen → Kombinationswirkung

AOX
Parameter zur Kennzeichnung der adsorbierbaren, organisch gebundenen Halogenverbindungen im Wasser.
→ **Halogenierte Kohlenwasserstoffe**

Aquifer
Begriff aus dem Englischen; betrifft den Teil des Grundwasserleiters, der hydraulisch leitfähig ist und Wasser abgeben kann.

Artesischer Brunnen → Grundwasser

Ausfällen → Fällung

Ausschließliche Wirkstoffzone (AWZ)
Bezeichnung für ein jenseits des Küstenmeeres gelegenes und an dieses angrenzendes Gebiet, das einer bestimmten Rechtsordnung unterliegt. Rechte und Rechtsbegriffe des Küstenstaates und die Rechte und Freiheiten anderer Staaten werden hierbei abgegrenzt (Art. 55 des **Seerechtsübereinkommens**). Die AWZ darf nicht weiter als 200 Seemeilen von den Basislinien entfernt festgelegt werden.Während das Institut der AWZ früher im wesentlichen unter dem Gesichtspunkt wirtschaftlicher Interessen gesehen wurde, soll es heute vor allem im Bereich der Nordsee dazu genutzt werden, die Vorschriften zum Schutz der Meeresumwelt insbesondere auf dem Gebiet der Strafverfolgung wirksamer durchsetzen zu können. Auch für die Bundesrepublik Deutschland wird daher die Schaffung einer AWZ angestrebt.
→ **Nordsee**

Autotroph
Bezeichnung für den Ernährungstyp von Organismen, die zum Aufbau ihrer Körpersubstanz nur anorganische Stoffe (Wasser, Kohlendioxid, Salze, Stickstoffverbindungen) benötigen. Hierzu gehören alle grünen Pflanzen, **Algen** und einige **Bakterien.** Ist ein Organismus bei seiner Ernährung auf organische Stoffe angewiesen, bezeichnet man ihn als „heterotroph".

A

Autowaschanlagen

In A. werden pro Fahrzeug 120–170 l Wasser (Trinkwasser!) eingesetzt. Das **Abwasser** enthält eine Vielzahl von Schmutzstoffen wie Öle, Fette, Teer, Ruß und Schwermetallstaub. Mit den Reinigungsmitteln gelangen sauerstoffzehrende Tenside ins Gewässer – aus Autowaschanlagen allein 15 000 t pro Jahr. A. mit der umweltschonenden **Kreislaufführung** des Wassers werden mit dem **Umweltzeichen** gekennzeichnet.

B

Badewasser

Die EG hat am 08. 12. 1975 eine „Richtlinie über die Qualität der Badegewässer" erlassen, die von den Mitgliedstaaten als Verwaltungsvorschrift in geltendes Recht umgesetzt wurde. Sie gilt für fließende und stehende Binnengewässer sowie Meerwasser. Mit dieser Richtlinie soll erreicht werden, daß nicht nur ästhetische Bedürfnisse erfüllt, sondern auch Gesundheitsgefährdungen ausgeschlossen werden.

→ **Krankheitserreger, Plasmide, Wasserepidemien**

Baggergut

Im Bereich der Häfen und Flußmündungen werden zur Aufrechterhaltung der Fahrrinnentiefe erhebliche Mengen an **Sediment** durch Baggerung entnommen, die mit Schadstoffen aus dem Wasser angereichert sein können.

Sedimente aus den Häfen (z. B. Hamburg, Bremen) werden entweder im Bereich der Küstengewässer abgelagert (Umlagerung) oder an Land entsorgt, während das Baggergut aus Flußmündungen direkt wieder in den Strom (fließende Welle) eingebracht oder ebenfalls umgelagert wird.

Eine (weitere) Möglichkeit der Behandlung stellt die Abtrennung der mit Schadstoffen angereicherten Schlickfraktion (und eventuelle Behandlung) sowie die Nutzung des anfallenden gereinigten Sandanteils als Baustoff dar. Die Herstellung von Bauzuschlagstoff aus dem abgetrennten Schlick ist möglich.

Dies wurde jedoch bisher nicht in die Praxis umgesetzt. Vereinzelt wird Baggergut auch für Aufspülungen von künstlichen Inseln o. ä. eingesetzt.

Nur geringfügig belastetes Baggergut (analoge Bewertung nach der Novelle der **Klärschlamm-Verordnung**) kann zur Bodenverbesserung benutzt werden.

Grundsätzliche Regelungen zur Einbringung von Baggergut sind 1991 in den „Richtlinien für das Management von Baggergut" von der Oslo-Kommission für den Nordseebereich und 1992 in der „Guidelines for the disposal of dredged spoils" von der Helsinki-Kommission für die Ostsee festgelegt worden. Die Richtlinien beziehen sich auf die Gewässer der Nord- und Ostsee bis zur Süßwassergrenze.
Ziel ist es, ökologische Aspekte bei der Baggerguteinbringung zu berücksichtigen und belastetes Baggergut vorrangig an Land zu entsorgen, mit besonderen Anforderungen an die Aufbereitung der Sickerwässer.
Die **Verklappung** von Baggergut in die **Hohe See** findet vom Gebiet Deutschlands nicht mehr statt.

Bakterien

Einzellige, mikroskopisch kleine Organismen von kugeliger, stäbchenförmiger oder gekrümmter Gestalt. Heterotrophe Bakterien können organische Verbindungen vollständig abbauen. Daher spielen sie eine wichtige Rolle bei der Selbstreinigung der Gewässer und der biologischen Abwasserreinigung in **Kläranlagen**.

Bakterientoxizität

Giftigkeit von Stoffen/Stoffgemischen für **Bakterien**.
Da Bakterien im Stoffhaushalt von Gewässern eine zentrale Rolle einnehmen und hier z. B. durch den **Abbau** organischer Substanzen sowohl zur **Selbstreinigung** der Gewässer beitragen als auch die Bereitstellung von Nährstoffen für Pflanzen sichern, müssen bakterienschädigende Stoffe in toxisch wirksamen Konzentrationen möglichst ferngehalten werden. Voraussetzung derartiger Schutzmaßnahmen ist die Kenntnis der B. der betreffenden Stoffe; sie wird in standardisierten Laborprüfverfahren ermittelt.

Bakteriologische Wasseruntersuchung

Mikrobiologische Untersuchungsverfahren zur Feststellung, wieviele Bakterien einer Wasserprobe auf einem Nährboden bestimmter Zusammensetzung zur Vermehrung zu bringen sind (Koloniezahl) und ob sich unter ihnen Keime aus dem Darm von Mensch und Tier befinden (z. B. Escherichia coli).

Die B. W. gehört zur routinemäßigen Überwachung von Wasserversorgungsanlagen und dient dazu, den Ausbruch bzw. die Verbreitung wasserübertragbarer Krankheiten (z. B. durch Salmonellen) zu vermeiden.
→ **Grenzwerte**

Belastung (der Umwelt)
Beanspruchung des gesamten Naturhaushalts durch Verunreinigungen der Luft, der Gewässer, des Bodens und der Pflanzen mit artfremden Stoffen, die bei einer Aufnahme durch Tiere und Menschen auch diese belasten können. Gewässer werden zum Beispiel durch **Abwärme** thermisch und durch **Abwässer** biologisch-chemisch belastet.

Belastungsgrenzen
Schwellen- oder **Grenzwerte** für äußere Einwirkungen auf natürliche Systeme. Jedes natürliche System besitzt bis zu einem gewissen Grade die Möglichkeit, äußere Einwirkungen abzufangen und das System im Gleichgewicht zu halten (z. B. „**Selbstreinigungs**kraft der Gewässer“). Über verschiedene labile Zwischenstadien stellt sich danach i. a. ein neues Gleichgewichtssystem ein, das i. a. aber artenärmer und weniger leistungsfähig sein kann und damit die Umweltqualität verringert.

Belebtschlamm → Blähschlamm

Belebungsanlagen
Anlagen zur **biologischen Abwasserreinigung**. Sie unterscheiden sich vom **Tropfkörperverfahren** dadurch, daß die schmutzabbauenden **Bakterien** und Kleinlebewesen sich nicht auf festen Flächen ansiedeln, sondern frei im Wasser schwebende Flocken bilden. In diesen Anlagen werden auf engstem Raum durch Umwälzen und Belüften große Mengen von **Belebtschlamm** in der Schwebe gehalten und mit Sauerstoff versorgt, wodurch eine schnelle Abwasserreinigung durch Adsorption an die Blähschlammflocke und z. T. auch durch biochemischen Abbau erzielt wird.

B

Belebungsverfahren
Verfahren der **Abwasserreinigung**, bei dem das **Abwasser** durch Kontakt mit **Blähschlamm** gereinigt wird. Die **Bakterien** des Blähschlammes bauen **organische** Substanzen ab; zu ihrem Stoffwechsel benötigen sie Sauerstoff aus dem Wasser, der ihnen in Belebungsbecken zugeführt wird. Nach der Reinigung des Abwassers im Belebungsbecken wird im Nachklärbecken die belebte Substanz (Blähschlamm) vom Abwasser abgetrennt und im Kreislauf in das Belebungsbecken zurückgeführt oder als Überschußschlamm entfernt.

Belüftung
Anreicherung des Wassers oder eines Gewässers mit Luft oder reinem Sauerstoff. B.-Verfahren werden in **Kläranlagen**, bei der **Trinkwasseraufbereitung** (zum Beispiel zur Entfernung von gelöstem Eisen oder Mangan) und zur Unterstützung der **Selbstreinigung**skräfte in Gewässern eingesetzt.
→ **Abwasserreinigung**

Benthos
Gesamtheit der in der Bodenzone eines Gewässers lebenden Organismen.

Benutzung der Gewässer
Begriff aus dem **Wasserhaushaltsgesetz** (WHG).
Dazu werden folgende Maßnahmen gezählt:
Entnehmen und Ableiten von Wasser aus oberirdischen Gewässern, Aufstauen und Absenken solcher Gewässer, Entnehmen fester Stoffe aus oberirdischen Gewässern, wenn dies den Zustand oder Abfluß des Gewässers verändert, Einbringen und Einleiten von Stoffen in oberirdische Gewässer einschließlich Küstengewässer, Einleiten von Stoffen in das Grundwasser, Entnehmen, Zutagefördern, Zutageleiten, Ableiten, Aufstauen, Absenken und Umleiten von Grundwasser.
Weiterhin sind alle Maßnahmen, die erhebliche schädliche Auswirkungen auf die physikalische, chemische oder biologische Beschaffenheit des Wassers haben können, Benutzungen im Sinne des WHG.

B

Beregnung → Verregnung

Berieselung → Verrieselung

Betriebsbeauftragter für Gewässerschutz (BfG)
In das Wasserhaushaltsgesetz (WHG) wurden mit der 4. Novelle (in Kraft getreten am 01. 10. 1976) Bestimmungen über den BfG aufgenommen (§§ 21a–21g WHG). Danach haben Großeinleiter von Abwasser (mit einer Erlaubnis von mehr als 750 Kubikmeter Abwasser täglich) einen oder mehrere BfG zu bestellen (§ 21a Abs. 1 WHG). Der BfG hat eine Reihe von Aufgaben, die in § 21b WHG im einzelnen festgelegt sind. Diese beziehen sich im wesentlichen auf eine innerbetriebliche Verbesserung des Gewässerschutzes durch Intensivierung der Selbstüberwachung. Der BfG wird vom Gewässerbenutzer (Einleiter) schriftlich bestellt und muß die zur Erfüllung seiner Aufgaben erforderliche Fachkunde und Zuverlässigkeit besitzen (§ 21c WHG). Ähnliche Betriebsbeauftragte gibt es auch für den Immissionsschutz (§ 53 Bundesimmissionsschutzgesetz) und für die Abfallbeseitigung (§§ 11a–11f Abfallbeseitigungsgesetz).

Betriebswasser (Brauchwasser)
Wasser, das gewerblichen, industriellen, landwirtschaftlichen oder ähnlichen Zwecken dient, ohne daß im allgemeinen **Trinkwasserqualität** verlangt wird (eine Ausnahme ist z. B. B. für Lebensmittelbetriebe, das Trinkwasserqualität aufweisen muß). B. muß je nach Einsatzzweck bestimmte Eigenschaften haben. So darf Kesselspeisewasser nicht korrodierend wirken oder Kesselstein bilden, und Bewässerungswasser muß frei von boden- und pflanzenschädigenden Stoffen sein.
Zur Einsparung von Trinkwasser wurden in mehreren Städten in Deutschland Ende vorigen Jahrhunderts neben den Trinkwassernetzen auch B.-Netze eingerichtet. Aus diesen Netzen wurde B. für industrielle und gewerbliche Zwecke, zum Bewässern öffentlicher Grünanlagen, für die Stadtreinigung und teilweise auch für private Haushalte zur Gartenbewässerung abgegeben. Das B. wurde üblicherweise aus Flußwasser gewonnen. Inzwischen sind diese Versorgungsnetze im Bereich der Bundesrepublik aus wirtschaftlichen Gründen außer Betrieb genom-

men worden. Das B. war teurer als das Trinkwasser geworden; vor allem, weil die Wasserabgabe pro km Leitungsnetz sehr gering war, aber auch, weil das Flußwasser nicht mehr ohne Aufbereitung in das Netz eingespeist werden konnte. In einigen Städten der Bundesrepublik wird B. noch in besonderen Leitungen Industriebetrieben zugeführt.

Bewässerung

Zufuhr von Wasser zum Boden und zur Pflanze mit dem Hauptziel der Förderung des Pflanzenwachstums. Die „anfeuchtende B." soll als Ergänzung der natürlichen Niederschläge den Pflanzen, die für eine optimale Stoffproduktion benötigte Wassermenge bedarfsgerecht zur Verfügung stellen. Die „düngende B." führt dem Boden mit dem Wasser auch Pflanzennährstoff teils in Lösung, teils in suspendierter Form (**Abwasser**, mineral. Düngemittel) zu.
Die „bodenreinigende B." dient dazu, lösliche pflanzenschädliche Stoffe aus dem Boden zu entfernen (z. B. **Entsalzung**). Die „erwärmende B." kann die Bodentemperatur beeinflussen.
→ **Verregnung, Verrieselung**

Bewertung wassergefährdender Stoffe

Verfahren zur Feststellung des Gefährdungspotentials eines chemischen Stoffes im Hinblick auf den Gewässerschutz durch biologische Testverfahren (Bestimmung der akuten oralen **Säugetiertoxizität**, der akuten **Bakterientoxizität**, der akuten **Fischtoxizität** (auch Daphnien- und Algentoxizität) und des **biologischen Abbauverhaltens**). Die Ergebnisse der Testverfahren werden in ihrer Gesamtheit in Wassergefährdungszahlen (WGZ) ausgedrückt, aus denen sich unter Berücksichtigung anderer wichtiger Aspekte wie **Bioakkumulation**, **Mutagenität** und **Kanzerogenität** die Wassergefährdungsklassen (WGK) ergeben. Die Einstufung ist Grundlage für Anforderungen zum Schutz der Gewässer an Anlagen zum Umgang mit wassergfährdenden Stoffen, die dem Gefährdungspotential angemessen sind. Die Einstufung der Stoffe gemäß ihrem Wassergefährdungspotential kann auch wichtige Anhaltspunkte für die Beurteilung von Schadensfällen mit wassergefährdenden Stoffen geben. Wassergefährdende Stoffe werden danach in vier Wassergefährdungsklassen (WGK) eingestuft (0 = im allgemeinen nicht wassergefährdend, 1 = schwach wassergefährdend, 2 = wassergefährdend, 3 = stark wassergefährdend).

Gemäß dem **Wasserhaushaltsgesetz** § 19g werden wassergefährdende Stoffe mittels Verwaltungsvorschrift näher bestimmt und entsprechend ihrer Gefährlichkeit in Wassergefährdungsklassen eingestuft. Die „Verwaltungsschrift über die nähere Bestimmung wassergefährdender Stoffe und ihre Einstufung entsprechend ihrer Gefährlichkeit – VwV wassergefährdende Stoffe VwVwS –" wurde im Gemeinsamen Ministerialblatt vom 23. März 1990 (Herausg. vom Bundesminister des Innern, 41. Jahrgang, Nr. 8, S. 114) bekanntgegeben.

In Ergänzung dieser Verwaltungsvorschrift erscheint der Katalog wassergefährdender Stoffe, der zusätzlich zu den Wassergefährdungs-Klassen noch weitere Informationen zu den Stoffen (z. B. Bewertungszahlen, CAS-Nr., WN-Nummern, Synonymliste etc.) enthält. Eine ca. 700 Stoffe umfassende Fortschreibung des Kataloges wurde im Januar 1991 veröffentlicht; die nächste Fortschreibung ist für 1993 vorgesehen.

Bewilligung

Die B. gewährt das Recht, ein Gewässer in einer nach Art und Maß bestimmten Weise zu benutzen. Die B. räumt im Gegensatz zur **Erlaubnis** (die widerruflich ist und befristet werden kann) eine gesicherte Rechtsstellung ein. Sie darf nur unter bestimmten engen Voraussetzungen und in einem förmlichen Verfahren erteilt werden. Eine Beschränkung oder Rücknahme der B. kann Entschädigungsansprüche begründen.

→ **Wasserhaushaltsgesetz**

Bewirtschaftungspläne

B. (§ 36b WHG) gehören zu den Planungsinstrumentarien des Wasserhaushaltsgesetzes (WHG). Sie stellen ein Instrument moderner Wasserwirtschaftsplanung dar. Die B. werden in den Ländern zur Bewirtschaftung der Gewässer aufgestellt, wobei den Nutzungserfordernissen Rechnung zu tragen ist und die Ziele der Raumordnung und Landesplanung zu beachten sind (§ 36 Abs. 1 WHG). Bei den B. handelt es sich um verwaltungsinterne, wasserrechtliche Entscheidungen vorbereitende Pläne, die auf der Grundlage der **wasserwirtschaftlichen Rahmenpläne** (§ 36 WHG) für einen örtlich begrenzten Raum aufgestellt werden. Zweck der B. ist es, die vielfältigen Inanspruchnahmen der Gewässer unter Beachtung übergreifender Ziele zu begrenzen und aufeinander abzustimmen, um insbesondere die Wassernutzung und Wasserversorgung langfristig zu sichern. Der Mindestinhalt der B. ergibt sich aus § 36 b Abs. 2 und 3 WHG.

Bilgenentölungsboote
Das verbotene Ablassen von Ölrückständen, die bei dem Betrieb der Schiffsdieselmotoren anfallen, verschmutzt Binnen- und Meeresgewässer erheblich. Binnenschiffer können diese **Bilgenöle** an B. abgeben. Auf dem Rhein, dessen Nebenflüssen und Verbindungskanälen nehmen momentan 8 B. mit einem Fassungsvermögen zwischen 14 000 und 260 000 Litern das Bilgenöl kostenlos entgegen.
→ **Mineralöl**

Bilgenöl
Die Bilge ist der tiefste Teil des Maschinenraums von Motorschiffen. Während des Betriebs sammeln sich in ihr ausgeflossenes Schmieröl und Treibstoffreste, Putzmittel, ausgetretenes Kühl- und Kondenswasser sowie eingetretenes Süß- oder Meerwasser. Dieses Öl-/Wasser-Gemisch nennt man Bilgenöl. Es darf nicht über Bord gelenzt werden, da dies zu einer schweren Gewässerverunreinigung u. a. durch den Altölanteil führen würde, welcher im Durchschnitt bei 65 % liegt. Auf dem Rhein und seinen Nebenwasserstraßen sowie auf der Weser sind seit 1961 Bilgen-Entöler-Boote im Einsatz, welche Bilgenöl aus Motorschiffen kostenlos abpumpen, das Öl von Wasser trennen und der **Altölsammlung** zuführen.
In gleicher Weise erfolgt inzwischen auch die Bilgenöl-Übernahme auf der Elbe und den Berliner Gewässern. Im Rhein-Stromgebiet z. B. haben die Entölerboote im Jahr 1990 bei über 10 700 Lenkungen ca. 8,6 Mio Liter Bilgenöl aufgenommen.
→ **Altöl, Altölverwertung, mineralölhaltige Abfälle**
Binnengewässerkunde → Limnologie

Binnensee der gemäßigten Breiten
Ein ökologisch intakter See der gemäßigten Breiten zeigt eine typische Schichtung (Stratifikation) in drei unterschiedliche Lebensräume:

B

1. **Epilimnion:** warme, sauerstoffhaltige Oberflächenschicht, in der Fische, Algen, Cyanobakterien, Protozoen, Kleinkrebse und **aerobe** Bakterien leben.
2. **Metalimnion:** Übergangszone, in der sich Temperatur und chemische Bedingungen ständig ändern. Die dort lebenden Mikroorganismen passen sich an.

Rund 8,6 Millionen Liter Altöl . . .
. . . mit 20 % Wasseranteil konnten die Rheinschiffer allein 1990 kostenlos und ohne Betriebsbehinderungen den acht Bilgenentölern der „Gelben Flotte" übergeben. An Bord dieser Spezialschiffe wird das Öl vom Wasser getrennt. Das Wasser fließt gereinigt zurück in den Fluß, und aus dem Öl wird in Raffinierien wieder neues Schmieröl gewonnen. Die nicht verwertbaren Rückstände werden schadlos vernichtet. Auf diese Weise wird ein wesentlicher Beitrag zur Verbesserung der Wasserqualität des Rheins geleistet, aus dem Millionen Bundesbürger ihr Trinkwasser beziehen.

3. **Hypolimnion:** Kalte, sauerstofffreie Zone mit Bakterien, die ohne Sauerstoff leben können (**anaerob**) und Faulgase (Methan, Schwefelwasserstoff):
   Im Frühjahr und Herbst kommt es oft zu einer Umwälzung dieser Schichten (Vollzirkulation), während im Sommer und Winter die beschriebene Schichtung vorliegt (**Stagnation**).

Biochemischer Sauerstoffbedarf (BSB)

Maßzahl für die Menge an gelöstem Sauerstoff, die zum biologischen **Abbau** organischer Stoffe im **Abwasser** benötigt wird. Als Kennzahl wird meistens der BSB 5 angegeben. Dieser gibt die Menge Sauerstoff in mg/l an, die **Bakterien** und andere Kleinstlebewesen in einer Wasserprobe während 5 Tagen bei 20 ° Celsius beim biologischen Abbau verbrauchen.

→ **Chemischer Sauerstoffbedarf, Kaliumpermanganatverbrauch, Oxidation**

Bioakkumulation

Anreicherung von Stoffen in Organismen sowohl aus dem umgebenden Medium als auch über die Nahrung.

→ **Akkumulation**

Biogas

(Klärgas, Sumpfgas, Faulgas.) Durch **Abbau organischer Substanzen** durch Methanbakterien in Abwesenheit von Sauerstoff entstehendes Gas, das zu 50 bis 70 % aus dem hochwertigen Energieträger Methan, aus Kohlendioxid sowie aus Spuren von Schwefelwasserstoff, Stickstoff, Wasserstoff und Kohlenmonoxid besteht. Der durchschnittliche Heizwert von Biogas beträgt 6000 Kcal/m^3 (entsprechend 25 000 kJ/m^3).
Biogas kann aus nahezu allen organischen Abfällen (u. a. menschliche und tierische Exkremente, tierische und pflanzliche Reststoffe) hergestellt werden. Methangas-Emissionen entstehen auch auf Reisfeldern, in Sümpfen und Mooren, Ozeanen, in Süßwasser sowie bei nichtbiologischen Prozessen in der Industrie und bei Vulkanausbrüchen. Das aus biologischen Prozessen stammende Methan trägt als klimawirksames Spurengas zur Verstärkung des Treibhauseffektes bei. Aufgrund seines relativ hohen Heizwertes kann es zur Wärme- und Krafterzeugung

genutzt werden. Bereits in den 30er Jahren gewannen Städte wie Essen und München in ihren **Kläranlagen** Biogas für den Betrieb ihres Fuhrparks.
Bei optimalen Produktionsverfahren lassen sich heute aus den organischen Abfällen eines Einwohners ca. 30 bis 35 Liter Biogas pro Tag gewinnen.

Biogene Entkalkung

Verringerung der temporären Härte des Wassers durch Kohlendioxidentzug, der bei der Photosyntheseleistung autotropher Wasserpflanzen entsteht.
→ **Wasserhärte**

Bioindikatoren

Organismen (**Bakterien**, Pflanzen, Tiere), die sich besonders zum Nachweis von Schadstoffwirkungen, aber auch zur Feststellung und Kennzeichnung von Belastungsprozessen eignen. B. in Gewässern können z. B. zur Kennzeichnung der **Gewässergüte**, der Nutzbarkeit für die Fischerei, zur Charakterisierung der Nährsalzversorgung von Seen und als Anzeiger für Schadstoffwirkungen eingesetzt werden.
→ **Indikatororganismen**

Biologische Abwasserreinigung

Die im **Abwasser** enthaltenen **organischen** Bestandteile werden in der B. A. einem **Abbau**prozeß unterzogen. Der Abbau erfolgt durch **Mikroorganismen** wie **Bakterien** und Pilze in Verbindung mit Sauerstoff. Dabei entstehen durch Umwandlungsprozesse **anorganische Verbindungen** (z. B. Kohlendioxid oder Wasser) und eine beständige Biomasse. Letztere sinkt im Nachklärbecken zu Boden und wird dort als Rücklaufschlamm bzw. Überschußschlamm aus dem Wasser entfernt und weiterverarbeitet. Dieser Prozeß geht ohne Störung vor sich, solange die Kleinstlebewesen vor Säuren, Laugen und Giftstoffen geschützt sind und ihnen mit dem Abwasser stets neue Nahrung und genügend Sauerstoff zugeführt wird. In ausreichend bemessenen und sorgfältig betriebenen mechanisch-biologischen **Kläranlagen** können Abwässer so weit gereinigt werden, daß Fische darin leben können. Gleichwohl werden in den den Regeln der Technik entsprechenden Kläranlagen nur etwa 90 % der Schmutz- bzw. Schadstoffe und Krankheitserreger aus dem Abwasser entfernt. Dort, wo die Restbelastung aus städtischen oder industriellen Abwässern noch zu hoch ist und/oder die **Selbstreinigungskraft** des aufnehmenden Gewässers (**Vorfluter**) übersteigt, wird eine weitergehende Abwasserreinigung (**Dritte Reinigungsstufen**) notwendig.

→ **Abwasserteich, Abwasserreinigung, Klärschlamm, mikrobieller Abbau, Nitrifikation, Tropfkörperverfahren**

Biologisches Abbauverhalten

Eigenschaft eines Stoffes, die zur Beurteilung seines Wassergefährdungspotentials hinzugezogen wird. Die Bestimmung des B. A. erfolgt durch ein Testverfahren, bei dem ermittelt wird, ob und in welcher Zeitspanne Stoffe durch komplexe Einwirkung lebender Organismen biologisch abbaubar sind.

→ **Abbau, Bewertung wassergefährdender Stoffe**

Biologische Selbstreinigung

Abbau von Stoffen im Wasser durch Lebewesen (vor allem **Mikroorganismen**).

→ **Algen, biologische Abwasserreinigung**

Biomasse

Gesamtmasse des organischen Materials (Pflanzen, Tiere und **Mikroorganismen**) auf einer bestimmten Fläche oder innerhalb eines bestimmten Volumens. Gebildet wird es durch Wachstum und Stoffwechsel von Organismen.

Biotop → Ökosystem

Blähschlamm (Belebtschlamm)

Aus ein- und mehrzelligen Kleinlebewesen (z. B. **Bakterien**, Pilzen) bestehender Schlamm im Belebungsbecken einer **Kläranlage**. Die im B. vorhandenen Kleinlebewesen bauen die im **Abwasser** vorhandenen **organischen** Substanzen unter Verwendung von Sauerstoff für ihren Stoffwechsel ab.

B. hat schlechte Absetzeigenschaften, die aus der übermäßigen Vermehrung fadenförmiger Bakterien resultieren. Da der B.

nicht sedimentiert, sinkt zum einen die Reinigungsleistung im Belebungsbecken und zum anderen wird im Nachklärbecken bereits gereinigtes Abwasser durch die Schlammflocken kontaminiert. Die Bildung von B. wird durch einseitig belastete Abwässer gefördert. Sie kann durch eine chemische bzw. physikalische Behandlung (z. B. **Fällung** mit Grünsalz, Erhöhung der Belüftungsintensität) unterbunden werden.
→ **Biologische Abwasserreinigung, Kläranlage**

BLAK QZ (BUND-LÄNDER-ARBEITSKREIS „QUALITÄTSZIELE")

Der BLAK QZ erarbeitete im Auftrag der **Länderarbeitsgemeinschaft Wasser (LAWA)** eine Konzeption zur Ableitung von Zielvorgaben zum Schutz oberirdischer Binnengewässer vor gefährlichen Stoffen, die im Herbst 1992 verabschiedet wurde. Die Zielvorgaben sind schutzgutbezogen abgeleitet und ermöglichen den Ländern die Beurteilung der Gewässerbelastungen.

Blei

B. und seine Verbindungen gehören zu den starken Umweltgiften. Es wird vermutet, daß das meiste B. in Kläranlagen aus Abschwemmungen von Straßen und Dächern stammt. B. akkumuliert sich wie andere Schwermetalle in **Klärschlämmen**, **Sedimenten** aber auch in Lebewesen und wird so zum Umweltrisiko. Überschreitungen des **Grenzwertes** von B. in **Trinkwasser** können in Altbauten auftreten, in denen das Trinkwasser noch durch B.-Rohre geleitet wird.
Die Einleitung von Blei ist ab 01. 01. 1990 nach dem **Abwasserabgabengesetz** abgabepflichtig.
→ **Metalle, Nordsee**

BMU – Beirat „Lagerung und Transport wassergefährdender Stoffe"

Beim Bundesminister für Umwelt, Naturschutz und Reaktorsicherheit aus Fachleuten verschiedener Bereiche (Behörden, Verbände, Industrie und Wissenschaft) zusammengesetztes Gremium, dessen Aufgabe es ist, die Bundesregierung auf dem Gebiet des Umgangs mit wassergefährdenden Stoffen (Lagern, Abfüllen, Herstellen, Behandeln, Verwenden, Umschlagen und

Befördern) im nationalen und internationalen Bereich zu beraten, entsprechende Vorschriften zu erarbeiten und vorzuschlagen, Auskünfte zu erteilen und gutachterliche Äußerungen zu fachlichen Problemen abzugeben. Dem Beirat stehen zahlreiche Ausschüsse, Arbeitsgruppen und Einrichtungen zur Seite, die Geschäftsführung liegt beim **Umweltbundesamt**.
→ **Bewertung wassergefährdender Stoffe**

Bodden

Seichte, unregelmäßig geformte Meeresbuchten mit enger Öffnung zum Meer. Sie sind durch Eindringen des Meeres in junge Grundmoränenlandschaften entstanden und kennzeichnen die mecklenburgisch-vorpommersche Ostseeküste (Greifswalder B., Gr. Jasmunder B., Saaler B.). Aufgrund der Einleitung von nährstoffreichem Süßwasser und des verminderten Austausches mit nährstoffarmen und sauerstoffreichem Salzwasser sind die B. teilweise stark eutrophiert.

Bodensee

„Schwäbisches Meer", größter deutscher und zweitgrößter Alpensee mit 538 km^2 Wasserfläche und 50 Milliarden m^3 Wasserinhalt. Der Bodensee spielt bei der **Trinkwasserversorgung** von Baden-Württemberg eine wichtige Rolle. Jährlich werden ihm etwa 120 Mio m^3 Wasser für die Trinkwasseraufbereitung entnommen und mittels Fernleitungen bis in den Raum Stuttgart transportiert.

Der im B. seit den 50er Jahren zu beobachtende Anstieg der Phosphorkonzentrationen war Zeichen für die bedrohliche Beschleunigung der Entwicklung zum nährstoffreichen See durch den Einfluß des Menschen. Besonders durch die Zufuhr des im **Abwasser** enthaltenen Pflanzennährstoffes Phosphor wuchs die Produktion organischer Substanz im See so stark an, daß der Sauerstoffgehalt im Wasserkörper für einen schadlosen **Abbau** nicht mehr ausreichte: Der See begann zu **eutrophieren**. Die hohen Nährstoffzufuhren mußten daher durch geeignete zusätzliche abwassertechnische Maßnahmen (Phosphor-Elimination durch **Fällungs**behandlung) vermindert werden. Die in der „internationalen Gewässerkommission für den Bodensee" vereinigten Anlieger-Staaten Schweiz, Österreich, Liechtenstein

und Bundesrepublik Deutschland (vertreten durch die Länder Baden-Württemberg und Bayern) haben daher umfangreiche Sanierungsmaßnahmen vereinbart und durchgeführt. In zwei „Bodensee-Programmen" haben der Bund und die Länder Baden-Württemberg und Bayern für diese Sanierungsmaßnahmen erhebliche Mittel ausgegeben. Bis 1980 konnten bereits 80 % der im deutschen Einzugsgebiet des Bodensees lebenden Einwohner an biologische **Kläranlagen**, größtenteils mit Fällungsbehandlung, angeschlossen werden.
Infolge der Sanierungsmaßnahmen konnte der weitere Anstieg der Phosphor-Konzentration im See gestoppt werden. Die **Gewässergüte**, insbesondere in den Flachwasserzonen, konnte merklich verbessert werden. Auch die Fließgewässer im Einzugsgebiet sind sauberer geworden.

Brackwasser

Mit Meerwasser vermischtes **Süßwasser** der Flußmündungen; stark bakterienhaltig.
→ **Ästuare**

Brauchwasser → Betriebswasser

Brunnen

Anlagen zur Gewinnung oder Beobachtung von **Grundwasser** und **Uferfiltrat**. Die Wasserwerke verfügen heute je nach den Grundwasserverhältnissen über unterschiedlich tiefe vertikale Kiesschüttungs- oder Horizontal-B. Während bei (alten) Schachtb. der Grundwasserspiegel nicht zu tief liegen darf, können die modernen Vertikal-B. Tiefen von mehreren hundert Meter erreichen. Der Vertikal-B. besteht aus einem senkrechten, gelochten Rohr mit einer Kiesumhüllung in der wasserführenden Schicht. Meistens werden die Vertikal-B. reihenförmig in sogenannten B.-Galerien angelegt. Die einzelnen B. sind durch eine Sammelleitung miteinander verbunden, die das Wasser zu einem Pumpenhaus führt.
Bei den Horizontalfilter-B. reicht ein relativ breiter geschlossener Schacht bis in die Tiefe der wasserführenden Schicht. Dort gehen sternförmig nach allen Seiten horizontal verlegte Filterrohre ab, die eine gegenüber Vertikal-B. wesentlich höhere Förderleistung ermöglichen.

BSB → Biochemischer Sauerstoffbedarf

Bundesamt für Seeschiffahrt und Hydrographie (BSH)

Am 1. Juli 1990 wurde durch die Zusammenlegung des Deutschen Hydrographischen Instituts und des Bundesamtes für Schiffsvermessung das Bundesamt für Seeschiffahrt und Hydrographie (BSH) gegründet. Diese Bundesbehörde ist für zentrale maritime Aufgaben im Geschäftsbereich des Bundesministers für Verkehr zuständig.

Das Aufgabenspektrum reicht von Wirtschaftsfragen in der Seeschiffahrt über Sicherheitsangelegenheiten bis hin zur wissenschaftlichen Beschreibung der Meere für alle meeresbezogenen Tätigkeiten. Auch Angelegenheiten des Meeresumweltschutzes werden behandelt, insbesondere die Überwachung des Meerwassers auf Schadstoffe und Radioaktivität.

Außerdem erteilt das BSH Genehmigungen für die Durchführung von Forschungshandlungen und zur Verlegung und zum Betrieb von Transitrohrleitungen im Bereich des deutschen Festlandsockels, stellt Ölhaftungsbescheinigungen aus, ist Ordnungswidrigkeitsbehörde im Bereich der Schiffahrt und ist zuständig für Erlaubnisse über Abfallbeseitigung auf Hoher See (in Zusammenarbeit mit dem Umweltbundesamt + weiteren Bundes- und Landesbehörden). Seit Ende 1989 wurden dort jedoch keine Abfälle mehr von deutscher Seite beseitigt.

Bundesanstalt für Gewässerkunde

Bundesoberbehörde im Geschäftsbereich des Bundesministers für Verkehr. Zentralinstitut des Bundes für die Gebiete Gewässerkunde, Wasserwirtschaft und Gewässerschutz (insbesondere in Fragen des Ausbaus, Neubaus, Betriebs und Unterhaltung von Bundeswasserstraßen). Zu den Aufgaben der BfG gehören zum Beispiel die fachliche Beratung der Bundesregierung, die Durchführung qualitativer und quantitativer Messungen an den Wasserstraßen, die Beteiligung an Planfeststellungsverfahren beim Bau von Wasserstraßen, die Durchführung bzw. Betreuung von Forschungsvorhaben, die Überwachung von Umweltchemikalien in Binnenwasserstraßen und Küstengewässern u. v. a. m.

B

Bundesberufsfortbildungszentrum wassergefährdende Stoffe (B. w. S.)
Fortbildungszentrum zur Durchführung der vom „Ausschuß Aus- und Fortbildung" des **BMU-Beirates LTwS** vorbereiteten Fortbildungsseminare für Angehörige von Berufszweigen, die sich mit Fragen zum Umgang mit wassergefährdenden Stoffen und sich hierbei ereignenden Unfällen befassen (zum Beispiel Vertreter von Wasserbehörden, Baubehörden, Angehörige von Feuerwehren und Katastrophenschutz, Richter und Staatsanwälte, Sachverständige zur Beurteilung von Unfällen mit wassergefährdenden Stoffen, Tankanlagenbauer).

C

Cadmium
Silberweißes, glänzendes Metall. Metallisches C. wird zur Herstellung von Batterien (Nickel-Cadmium-Batterien) und zur Erzeugung galvanischer Schutzüberzüge auf Metallteilen eingesetzt. Die größte Menge dieses Metalls wird in Form von C.-Verbindungen als Farbpigmente und in der Kunststoffherstellung (PVC) als Stabilisator verwendet. C. reichert sich über die Nahrungskette in aquatischen Organismen und bei Verzehr auch im menschlichen Körper an. 6% des mit der Nahrung aufgenommenen C. gelangt in den menschlichen Körper und wird nur teilweise wieder ausgeschieden (Akkumulation). Bei andauernder C.-Belastung kann es zu Nierenschäden und unter bestimmten Bedingungen zu Knochenveränderungen (**Itai-Itai-Krankheit**) kommen.
Auf aquatische Organismen wirkt C. in höherer Konzentration wachstumshemmend. C.-Salze sind stark gewässerschädigend und vergiften die Umwelt schon in sehr geringen Mengekonzentrationen. Die Einleitung von C. ist nach dem **Abwasserabgabengesetz** abgabepflichtig.
→ **Abwasserabgabengesetz Metalle, Nordsee**

Cancerogenität, Carcinogenität → Kanzerogenität

Chemikalien → Umweltchemikalien

Chemikalientransporte auf See
Ein relativ junger Wirtschaftszweig im Bereich der Schiffahrt ist der Transport von Chemikalien. Dieser hat sich seit den siebzi-

ger Jahren sprunghaft entwickelt. Chemikalientanker transportieren im allgemeinen wechselnde Ladungen. Deshalb müssen ihre Tanks vor dem Übernehmen einer neuen Ladung jeweils gesäubert werden. Diese Säuberung und das Ausspülen der Tanks findet heute noch vielfach auf der Hohen See statt, da es noch in kaum einem Hafen geeignete Auffanglager für solche Chemikalienreste gibt. Durch solche Tankreinigungsmaßnahmen gelangen derzeit nicht unerhebliche Mengen schädlicher Stoffe in die **Nordsee**.

Ab 02. Oktober 1990 mußten mit dem Inkrafttreten der Anlage II des MARPOL-Übereinkommens Ladungsrückstände von Chemikalientankern grundsätzlich an Auffanganlagen abgegeben werden. Reste dürfen nur noch in sehr hoher Verdünnung und in ganz geringen Mengen in die See eingeleitet werden. Bis zu diesem Zeitpunkt müssen in den Häfen ausreichend Auffanganlagen für Chemikalienrückstände vorhanden sein. Gemeinsam mit den anderen Nordseeanlieger-Staaten tritt die Bundesrepublik dafür ein, die Wirksamkeit dieser Regelungen dadurch zu erhöhen, daß die Tankreinigung in den Entladehäfen zwingend vorgeschrieben wird.

→ **Meeresverschmutzung, Ölpest, Seevogelsterben**

Chemische Abwasserreinigung

Behandlung des **Abwassers** mit Chemikalien (Flockungs- und Fällmittel) zur Entfernung von Abwasserinhaltsstoffen (z. B. Phosphaten) und zur **Neutralisation** saurer oder basischer Abwässer.

→ **Abwasserreinigung**

Chemischer Sauerstoffbedarf (CSB)

Menge an gelöstem Sauerstoff in mg/l oder g/m^3, die zur völligen **Oxidation** der im Wasser enthaltenen organischen Stoffe benötigt wird. Als chemisches Oxidationsmittel wird üblicherweise Kaliumdichromat ($K_2Cr_2O_7$) verwendet (**DIN** 38 409-H41 Ausgabe Dez. 1980).

Bei häuslichem Abwasser ist der CSB etwa 2 mal höher als der **BSB$_5$** der gleichen untersuchten Wasserprobe. Höhere CSB-Verhältnisse geben Hinweis auf **schwer abbaubare** organische Stoffe im Abwasser. Der CSB dient auch der Festsetzung der Abgaben

entsprechend dem **Abwasserabgabengesetz**.
→ **Kaliumpermanganat-Verbrauch**

Chlor

Gasförmiges Element aus der Gruppe der Halogene. Wichtiger Ausgangsstoff für viele organische Verbindungen. Einige anorganische C.-Verbindungen (z. B. Chlorkalk) setzen bei Kontakt mit Wasser gasförmiges C. frei, dessen stark desinfizierende Wirkung bei der Entkeimung von **Trinkwasser** und des Wassers in Badeanstalten, aber auch in handelsüblichen Sanitärreinigern, genutzt wird. C. ist in hoher Konzentration ein starkes Lungengift und bewirkt je nach Konzentration Entzündungen und Verätzungen in den Atemwegen, Krampfhusten, Lungenentzündung und Lungenbluten bis zu tödlichen Vergiftungen. Gesundheitsschäden können u. U. durch chlorhaltige Produkte entstehen (wenn z. B. WC-Reiniger und Sanitärreiniger zusammengebracht werden, kann giftiges Chlorgas entstehen).

Chlorierte Kohlenwasserstoffe (C. K. W.)

Sammelbezeichnung für organische chemische Verbindungen, die mindestens ein direkt an einem Kohlenstoffatom gebundenes **Chlor**atom enthalten. C. K. W. sind in vielen Produkten zu finden; die Anwendungsgebiete reichen von **Lösemitteln**, Kühlmitteln, Hydraulikflüssigkeiten, PVC-Kunststoff, Papierbeschichtungsmitteln usw. bis hin zu Pestiziden.
C. K. W. werden je nach Struktur und Chlorierungsgrad (Anzahl der Chloratome pro Kohlenstoffatom) durch **Mikroorganismen** praktisch nicht oder nur sehr langsam abgebaut (hohe **Persistenz**) und können sich in Fettgeweben von Tieren und Menschen anreichern. Sie unterscheiden sich erheblich in ihrer Wirkung auf die Umwelt; manche sind von großer Giftigkeit, und bei einigen wurde eine krebserzeugende Wirkung festgestellt.
An verschiedenen Orten der Bundesrepublik Deutschland gelangten C. K. W. (Lösemittel) durch unsachgemäße Lagerung, undichte Abwasserleitungen, Unfälle oder unerlaubtes Einleiten ins Grundwasser. Es wurden stellenweise Konzentrationen gemessen, die über den vom Bundesgesundheitsamt empfohlenen Höchstkonzentrationen für C. K. W. im Trinkwasser lagen.
Die Einleitung von C. K. W. ist ab 01. 01. 1990 nach dem **Abwasserabgabengesetz** abgabepflichtig.

Chlorung

Methode zur **Desinfektion** von **Trinkwasser** und Badewasser (Schwimmbäder) durch Zugabe von **Chlor** oder einer Chlorverbindung (Natriumhypochlorit).
Chlor kann sich mit organischen Wasserinhaltsstoffen in geringem Maße zu gesundheitsbedenklichen **chlorierten Kohlenwasserstoffen** verbinden. Aus diesem Grund haben die Wasserversorgungsunternehmen in den letzten Jahren den Einsatz von Chlor stark eingeschränkt. Mehr als die Hälfte des in der Bundesrepublik von den öffentlichen Versorgungsunternehmen abgegebenen Wassers wird nicht mehr gechlort.
Ein Verzicht auf die sogenannte Sicherheitschlorung im Wasserwerk ist dann möglich, wenn chemisch und mikrobiologisch einwandfreies **Rohwasser** zur Verfügung steht und das Leistungsnetz so betrieben werden kann, daß das Wasser nicht längere Zeit in den Rohren steht, da während solcher Stagnationszeiten die Gefahr des Bakterienwachstums gegeben ist.
Die Chlorung von **Abwasser** ist in der Bundesrepublik Deutschland i. a. nicht üblich (Ausnahme: C. von Krankenhausabwässern aus seuchenhygienischen Gründen).

→ **Ammonium, organische Verbindungen**

Cholera

Erreger ist das Stäbchenbakterium Vibrio cholerae. Er wird fäkaloral oder indirekt übertragen. Die Vibrionen siedeln sich im Dünndarm an. Infolge der dort massenhaften Vermehrung werden Exotoxine (Bakteriengifte) frei, die zu Durchfällen und Erbrechen führen. Der Flüssigkeitsverlust ist enorm (bis zu 20 l/Tag) und führt unbehandelt zum Tod. Die letzte große Choleraepidemie in Deutschland trat 1892 in Hamburg auf. Damals wurde Trinkwasser aus der abwasserbelasteten Elbe gewonnen. Massenerkrankungen sind heute auf Entwicklungsländer begrenzt, die aufgrund unhygienischer Verhältnisse günstige Voraussetzungen bieten.

→ **Krankheitserreger, Wasserepidemien**

Chrom

C. ist ein relativ häufiges Element und kommt in einer durchschnittlichen Konzentration von 200 mg/kg in der Erdkruste vor. In Böden findet man im allgemeinen 10 bis 90 mg/kg.

C Dreiwertiges Chrom ist ein essentielles Spurenelement für Mensch und Tier. Sechswertige Chromverbindungen verursachen allergische und asthmatische Reaktionen und gelten als krebserzeugend.

C. wird u. a. in der Galvanikindustrie zum Veredeln von Metalloberflächen verwendet. Ebenso findet man es in Metallegierungen, in Farbpigmenten, als Katalysator, zur Holzimprägnierung und als Gerbstoff bei der Lederverarbeitung.

C. und C.-verbindungen gelangen hauptsächlich durch die Abwässer der chromverarbeitenden Industrie, von Galvanikbetrieben und der Gerbereien in die Oberflächengewässer. C. kommt im Gewässer in drei- und sechswertiger Form vor. Unter aeroben Bedingungen ist Chrom(VI) stabil. Unter anaeroben Bedingungen wird es zu Chrom(III) reduziert. Unter oxidierenden Bedingungen ist auch eine Umwandlung von Chrom(III) zu Chrom(VI) möglich. Bedingt durch die Bildung schwerlöslicher Chrom(III)-Verbindungen und die Adsorption von Chrom an Schwebstoffe ist ein großer Teil des C. partikulär gebunden.

→ **Abwasserabgabengesetz, Metalle, Nordsee**

Colibakterien

Im menschlichen und tierischen Darm lebende **Bakterien**. Der Nachweis von C. im **Trinkwasser** ist ein wichtiges Indiz dafür, daß eine Verunreinigung mit Fäkalien vorliegt und andere Krankheitskeime (pathogene **Mikroorganismen**) enthalten sein können.

→ **Keime**

Colititer → Keime

Cyanobakterien

Prokaryonten, Einzeller, denen ein von einer Membran umgebener Zellkern fehlt. Da die C. mit Algen und höheren Pflanzen einige Gemeinsamkeiten aufweisen (Photosynthese, Chlorophyll) wurden sie lange Zeit den Algen zugeordnet und Blaualgen genannt. Erst mit dem weiteren Fortschritt der Mikrobiologie erkannte man die Unterschiede zu höher entwickelten Einzellern (Eukaryonten) und zählt sie heute zu den Bakterien. Sie leben z. B. im **Epilimnion** eines Sees.

→ **Binnensee der gemäßigten Breiten**

D

Datenbank wassergefährdender Stoffe (DABAWAS)

Stoff-Datenbank im Informationssystem UMPLIS des **Umweltbundesamtes**. Eine der im Umweltbundesamt zur Verfügung stehenden Auskunftsstellen für den gesamten Problembereich **wassergefährdender Stoffe**. DABAWAS enthält umfangreiche Daten und Informationen zu derzeit ca. 20 000 Stoffen. Zu einem Stoff können bis zu ca. 400 Einzelinformationen vorliegen, wobei diese Einzelinformationen in 8 Gruppen eingeteilt sind: Identifikation, Eigenschaften, Toxizität, Ökotoxizität, Maßnahmen nach Unfällen, Eliminierung bei der Wasseraufbereitung und in Kläranlagen, Nachweis (Analytik), Anwendung, Literatur. Entsprechend diesem Informationsangebot hat die Datenbank einen sehr großen Benutzerkreis: Wasserbehörden, Sachverständige, Hochschul-Forschunginstitute, Feuerwehren, Polizei usw. Die Datenbank wurde im Auftrag des Umweltbundesamtes im Institut für Wasserforschung, Dortmund, entwickelt und dort zunächst ausschließlich betrieben. Seit 1990 hat das Umweltbundesamt den Stoffdaten-Auskunftsdienst übernommen. Dort können die Daten telefonisch oder schriftlich abgefragt werden.

Deichbau

Seit der großen Sturmflut im Jahre 1962 werden erstmals die wissenschaftlichen Erkenntnisse der Küstenforschung für den Deichbau und die Erhaltung des Vorlandes genutzt. Dies führte zur streckenweisen Begradigung alter Deichtrassen und in einzelnen Bereichen auch zur Vorverlegung der Deichlinie in das Watt. Hierbei ist es auch zu Eingriffen in wichtige Biotope – z. B. **Salzwiesen** – gekommen, die auch durch die neuen Feuchtbiotope hinter den Deichen nur unvollständig ersetzt werden konnten. Denn durch die Baumaßnahmen wird die regelmäßige Überflutung und die damit verbundene Zufuhr von Wasser, Salz, Kleintieren, Fischen u. a. unterbrochen. Damit verschwinden viele Pflanzenarten und für zahlreiche pflanzenverzehrende Tierarten auf den ehemaligen Salzwiesen entfällt die Nahrungsbasis. Beim modernen Deichbau ist man bestrebt, negative Auswirkungen von Deichbaumaßnahmen auszugleichen. Insbesondere sollen die flächenhafte Sicherung des Watts und die den Deichen vorgelagerten Lahnungsfelder dazu beitragen, daß auch in Zukunft die Lebensgrundlagen für die küstentypische Flora und Fauna dauerhaft erhalten bleiben.

D Aus Gründen des Umwelt- und Naturschutzes sollte der technische Küstenschutz künftig auf Eindeichungsmaßnahmen ganz verzichten, soweit dabei große Wattmeerfächen beseitigt werden. Dies gilt insbesondere für den Bereich des hohen Schlickwatts und der Salzwiesen. Dieses gilt auch für Baumaßnahmen, bei denen „Ersatzbiotope" angeboten werden. Solche Ersatzbiotope können die durch Baumaßnahmen entstandenen Verluste nur unvollständig ausgleichen. Die zweifellos notwendigen Maßnahmen des Küstenschutzes müssen sich daher auf die Verbesserung der bereits vorhandenen Schutzanlagen beschränken. Seit 1981 werden neue Hochwasserschutzanlagen, für die ökologisch wertvolle Flächen benötigt werden, aus Mitteln der Gemeinschaftsaufgabe **„Verbesserung der Agrarstruktur und des Küstenschutzes"** nur noch gefördert, wenn die erforderliche Sicherheit auf andere Weise nicht erreicht werden kann und wenn die eingedeichten Flächen dem Naturschutz zur Verfügung gestellt werden. Damit erhält der Naturschutz fast den gleichen Rang wie der Schutz der Menschen.

Denitrifikation

Durch **Bakterien** vorgenommener Abbau von **Nitrat** zu Stickstoff und Sauerstoff. Die Bakterien entnehmen den Sauerstoff, während der Stickstoff von der Luft aufgenommen wird.

→ **Ammonium, Nitrifikation**

Deponie → Sickerwasser

Desinfektion

Abtöten von Erregern übertragbarer Krankheiten. Bei der **Trinkwasseraufbereitung** erfolgt die D. i. a. mit Hilfe von **Chlor**, Chlordioxid oder **Ozon**.

→ **Chlorung**

Desinfektionsmittel

Stoffe oder Stoffgemische zur Bekämpfung pathogener Mikroorganismen (meist als **Keime** bezeichnet) wie Bakterien, Viren, Pilze, Sporen. D. töten, inaktivieren oder denaturieren die Mikroorganismen, so daß diese nicht mehr infizieren können. D. sind sehr reaktionsfreudig (z. B. Oxidation, Reduktion) und rea-

gieren meist mit dem Eiweiß der Mikroorganismen. Ihre Anwendung erfolgt zumeist auf der Oberfläche (Haut, Geräte, Räume, Textilien). Je nach Anforderung kommen verschiedene Wirkstofftypen zum Einsatz.
- Aldehyde (Formaldehyd, Glyoxal, Glutaraldehyd)
- Phenolderivate
- Alkohole
- quartäre Ammoniumverbindungen
- Halogene (Chlor, Jod)
- D. auf der Basis von aktivem Sauerstoff.

Desinfektionsreiniger
D. vereinigen in sich die Funktion eines Reinigungs- und eines **Desinfektionsmittels**. Wenn beide Schritte getrennt erfolgen würden, wäre das zu zeit- und damit zu kostenaufwendig. In D. für den Haushalt wird mit Natriumhypochlorit als Wirkstoff gearbeitet.
→ **Sanitärreiniger**

Detergentien
Im deutschen Sprachgebrauch versteht man unter D. allgemein synthetische, organische, grenzflächenaktive Substanzen, die anionisch, kationisch, nichtionisch oder ampholytisch aufgebaut sein können. In der deutschen Gesetzgebung tritt der Begriff nicht mehr auf; man bezeichnet diese Verbindungen heute zusammen mit den Seifen als **Tenside**. Im englischen Sprachgebrauch sind unter „detergent" (= Reinigungsmittel) nicht nur synthetische Tenside, sondern auch andere in **Wasch- und Reinigungsmitteln** gebräuchliche Stoffe zu verstehen, z. B. Builder, Seifen, Alkalinsäuren (sowie deren Salze) usw.

Detergentiengesetz
Vorläufer des **Wasch- und Reinigungsmittelgesetzes** (WRG).

Detritus
Gesamtheit der toten organischen Partikel, die im Wasser schweben oder am Grund eines Gewässers abgelagert sind.

D

Deutsche Einheitsverfahren der Wasseruntersuchungen (DEV)

Einheitliche Festlegung von Methoden und Verfahren zur Wasseruntersuchung. Die DEV werden in Form einer Loseblattsammlung von Verlag Chemie (Weinheim) veröffentlicht. Der vollständige Titel dieser Loseblattsammlung lautet: „Die Einheitsverfahren zur Wasser-, Abwasser- und Schlammuntersuchung“. Die Mehrzahl der heute daraus abgeleiteten Methoden sind **DIN-Normen**.
Für die nach der Trinkwasserverordnung durchzuführenden Wasseruntersuchungen sind die DEV oder gleichwertige Verfahren vorgeschrieben.

Difusion

Verteilung eines Stoffes (Schadstoffes) aufgrund eines Konzentrationsgefälles im Wasser, z. B. im Grundwasser. Ionen aus höher konzentrierten Lösungen wandern (diffundieren) dabei in niedriger konzentrierte Lösungen, bis es zu einem Konzentrationsausgleich kommt. Der Schadstoff breitet sich dann in alle Richtungen aus (Braunsche Molekularbewegung).
→ **Konvektion, Dispersion**

DIN-Normen

Das Deutsche Institut für Normung (DIN) ist die national zuständige Normen-Organisation. Die Arbeitsergebnisse des DIN sind die D-N. In der Wasseranalytik z. B. sind die in den Verwaltungsvorschriften der Bundesregierung zu § 7a des **Wasserhaushaltsgesetzes** zitierten DIN-Normen für die Behörden verbindlich. Der vollständige Titel dieser Loseblattsammlung lautet: „Die Einheitsverfahren zur Wasser-, Abwasser- und Schlammuntersuchung“. Die Mehrzahl der heute daraus angewandten Methoden sind D-N.

Direkteinleiter

Gewerbe- und Industriebetriebe, die ihre **Abwässer** über eigene **Kanalisationen** direkt in ein Gewässer einleiten. Hierzu ist eine wasserrechtliche Erlaubnis nach dem **Wasserhaushaltsgesetz** erforderlich. Gegensatz: Betriebe, die ihre Abwässer zunächst in kommunale Kanalisationen und damit „indirekt" in Gewässer einleiten.

→ **Abwasserabgabe, Indirekteinleiter**

Dispersion

Räumliche und zeitliche Ausbreitung eines Schadstoffes im **Grundwasser** in Relation zur konvektiven Bewegung der Schadstoff-Wasserlösung. Ursache der dispersiven Bewegung können z. B. variable Durchlässigkeiten, unterschiedlich lange Fließwege im Korngerüst und undurchlässige Schichten im Grundwasserleiter sein.

→ **Diffusion, Konvektion**

Dosierung (von Wasch- und Reinigungsmitteln)

Die zur Anwendung empfohlenen D. von **Wasch- und Reinigungsmitteln** gehen immer weiter zurück. Konzentratprodukte ermöglichen Umweltentlastungen durch die Einsparung von überflüssigen Inhaltsstoffen (Ersatz von normalen Universalwaschmitteln durch kompakte) oder/und reduzierten Verpackungs- und Transportaufwand.

Wasserwirtschaftlich bedeutsame Einleitungen am Untermain

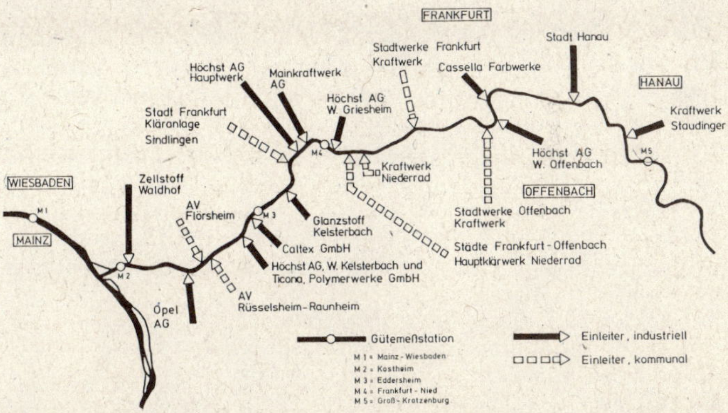

Direkteinleiter
Quelle: Der Minister für Umwelt und Reaktorsicherheit des Landes Hessen

D

Die phosphatfreien Waschmittel haben z. B. zu einer deutlichen Verringerung der Dosierungsabstufung nach den Wasserhärtebereichen geführt und so die Gewässerbelastung mit Bestandteilen der Wasch- und Reinigungsmittel insgesamt herabgesetzt, besonders in Gebieten mit hartem Trinkwasser.

→ **Umweltverträglichkeit**

Dritte Reinigungsstufen (weitergehende Abwasserbehandlung)

Abwasserreinigungsverfahren, die über die **mechanische** (1. Stufe) und **biologische** (2. Stufe) **Abwasserreinigung** hinausgehen. D. R. werden verwendet, um problematische Stoffe wie Stickstoff- und gelöste Phosphorverbindungen, **schwer abbaubare Stoffe**, **Schwermetalle** oder **Salze** zu verringern. Die Wahl der Verfahren für D. R. richtet sich nach den vorrangig zu behandelnden Stoffen im **Abwasser**. Zur Verbesserung des **Kläranlagen**ablaufes eignen sich Schönungsteiche, **Mikrosiebe** oder **Sandfilter**, um fein suspendierte Stoffe und Flockenreste zurückzuhalten. Die aus dem menschlichen Stoffwechsel und aus **Waschmitteln** stammenden Phosphate können mit Hilfe von Chemikalien (Kalk, Eisenchlorid und Aluminiumsulfat) weitgehend aus dem Abwasser ausgefällt werden (Fällungsbehandlung). Ein Teil der sich bei der Nitrifikation bildenden bzw. im **Rohwasser** befindlichen **Nitrate** kann mit Hilfe der **Denitrifikation** entfernt werden. Hierbei bauen **Mikroorganismen** das Nitrat zu gasförmigem Stickstoff ab. Eine Möglichkeit zur Reduzierung von Stoffen, die sich biologisch entweder sehr schwer oder gar nicht abbauen lassen, ist die adsorptive Reinigung z. B. durch **Aktivkohlefilter** (sehr kostenaufwendig). Im bereits biologisch behandelten Abwasser noch vorhandene Schwebstoffe (Suspensa) können mittels Filtration (z. B. Sandfilter) entfernt werden.

→ **Filter, Flockung, Ionenaustauscher, Metalle**

Dumping

Englischer Begriff für **Verklappung.** Das ist das vorsätzliche Einbringen von festen oder flüssigen Stoffen durch Schiffe oder Flugzeuge ins Meer, mit dem Ziel, sich ihrer zu entledigen (vgl.

auch die Definition in Art. 5 Abs. 1 Nr. 5 des Seerechtsübereinkommens).

→ **Hohe-See-Einbringungsgesetz, Klärschlammverklappung, Seerechtsübereinkommen**

Düngung

Einbringung von Nährstoffen in den Boden, um den Nährstoffentzug durch die Ernte auszugleichen, die Bodenfruchtbarkeit zu erhalten oder zu erhöhen bzw. die Erträge der Nutzpflanzen zu steigern. Man unterscheidet organische D. (Einsatz von Stallmist, Gülle, **Jauche, Klärschlamm** u. a.), anorganische D. (Einsatz von Stickstoff, **Phosphat**en, Kalk u. a.), Grün-D. (Unterpflügen bestimmter Grünpflanzen) und Einsatz von Kompost. Die D. spielt unter Umweltschutzgesichtspunkten eine große Rolle. So können zahlreiche Abfallarten entweder direkt (z. B. Jauche) oder nach entsprechender Behandlung (z. B. Müllkompost) zur D. verwendet werden. Dabei können jedoch im Abfall enthaltene Gifte (z. B. **Cadmium**) in den Boden und in die Nahrungskette der Lebewesen gelangen. Eine zu reichliche D. (Überdüngung), insbesondere mit Phosphaten und **Nitraten**, kann ebenfalls Umwelt- und Gesundheitsschäden verursachen (z. B.: Nitratbelastung des Grundwassers, Gesundheitsgefährdung durch hohe Nitratgehalte in Nahrungsmitteln). Den Umgang mit Düngemitteln regelt das Düngemittelgesetz, den Umgang mit Klärschlamm die **Klärschlammverordnung**.

→ **Ammonium, Jauche, Komplexbildner**

Dünnsäureeinleitung (in die Nordsee)

Dünnsäure als Rückstand vornehmlich aus der Titandioxidproduktion wurde lange Zeit in die Hohe See (Nordsee) verklappt, ohne daß die Umweltverträglichkeit dieser Abfallentsorgung berücksichtigt wurde. Da die Auswirkungen dieser Handlungsweise auf die Meeresfauna ungeklärt sind, hat die Bundesrepublik Deutschland ab Ende 1989 die D. eingestellt.

→ **Hohe-See-Einbringungsgesetz**

E

EG-Richtlinie → Richtlinien der Europäischen Gemeinschaften

Einbringung

Im Sinne des **Wasserhaushaltsgesetzes** das Zuführen fester Stoffe in die Gewässer. Im Sinne des **Hohe-See-Einbringungs-Gesetzes** das Einbringen (z. B. Verklappen) oder Verbrennen (Abfallverbrennung) fester, schlammiger, flüssiger oder gasförmiger Abfälle von Schiffen und Luftfahrzeugen auf der Hohen See.

→ **Meeresverschmutzung, Verklappung**

Einleiten

Zuführen flüssiger (einschl. schlammiger) und gasförmiger Stoffe in ein Gewässer.

Abwasserrechtlich: unmittelbares Verbringen von Abwasser in ein Gewässer oder in den Untergrund.

Einteilung der Gewässer

In der Bundesrepublik Deutschland werden Gewässer durch Gesetz (Wassergesetze der Länder) in verschiedene Ordnungen eingeteilt (z. B. Schleswig-Holstein: Gewässer 1. Ordnung = Bundeswasserstraßen, Landeshäfen – soweit nicht Bundeswasserstraßen – sowie die im Wassergesetz extra aufgeführten Gewässer; Gewässer 2. Ordnung = alle anderen Gewässer). Gewässer 1. Ordnung werden von Bund und Ländern, die Gewässer 2. Ordnung von den Eigentümern bzw. Anliegern (meistens in Wasser- und Bodenverbänden zusammengeschlossen) unterhalten.

→ **Wasserwege und -straßen**

Einwohnergleichwert (EGW)

Einheit zum Vergleich von gewerblichem oder industriellem Schmutzwasser mit häuslichem Schmutzwasser. Der EGW kann auf den **biologischen Sauerstoffbedarf**, (1 EGW = 60 g BSB_5/Ed)oder den Wasserverbrauch (1 EGW = 200 l/Ed) bezogen werden.

→ **Abwasserabgabengesetz, Abwasserlast, biochemischer Sauerstoffbedarf**

E

Elbe

Die Elbe ist einer der am stärksten belasteten Flüsse in Mitteleuropa. Ihr Einzugsgebiet ist durch Ballungsräume von Städten (Prag, Dresden, Chemnitz, Halle, Leipzig, Berlin, Magdeburg, Hamburg), große Industriegebiete (Nordböhmen, oberes Elbtal, Raum Halle-Leipzig-Bitterfeld) und intensive landwirtschaftliche Nutzung gekennzeichnet. Die Elbe und ihre Nebenflüsse werden in starkem Maße zur Entnahme für die Trinkwassergewinnung, Versorgung der Industrie mit **Brauchwasser** und Bewässerung landwirtschaftlicher Flächen genutzt. Durch diese umfangreiche Nutzung und die damit verbundene Einleitung von ungereinigtem oder ungenügend gereinigtem häuslichen und industriellen Abwässern wird die Elbe hochgradig mit organischen Stoffen, Nährstoffen, Metallen und krankheitserregenden Mikroorganismen belastet. So ist die Nutzung des Elbwassers gegenwärtig nur noch nach einer entsprechenden Aufbereitung oder mit Qualitätseinschränkungen möglich. Nach 1989 ging die Belastung der Elbe zurück, da in vielen Betrieben z. B. des Halle-Leipziger Raumes die Produktion eingeschränkt wurde oder Betriebe ganz stillgelegt wurden. Um die Verunreinigungen des Flusses wirksam bekämpfen zu können, haben die Bundesrepublik Deutschland, die frühere CSFR und die EG im Oktober 1990 die **Internationale Kommission** zum Schutz der Elbe (IKSE) gegründet.

An der Elbe sind in größerem Umfange wertvolle Auenbiotope mit einem reichhaltigen Bestand an seltenen Pflanzen- und Tierarten erhalten geblieben, die zum Teil unter Schutz stehen. An der Mittelelbe wurde eine größere Fläche von der UNESCO als Biosphärenreservat anerkannt. Die Bundesregierung unterstützt im Rahmen der IKSE Bestrebungen, solche Flächen zu vergrößern und soweit möglich, Biotopstrukturen zu reaktivieren.

→ **Oder, Rhein**

Elimination

Entfernung bestimmter Stoffe aus einem betrachteten System (Abwasser), z. B. durch **biologischen Abbau, Adsorption** usw.

→ **Phosphatelimination**

E

Enthärtung

Entnahme von Calzium- und Magnesium-Ionen aus zu hartem Wasser durch **Fällung** oder **Ionenaustausch.** Eine Teil-E. seitens des Wasserwerkes wird nur dort durchgeführt, wo die Härte des **Rohwassers** zu erheblichen Kalkablagerungen im Leitungsnetz führen würde.

→ **Teilentsalzung, Wasch- und Reinigungsmittel**

Entkarbonisierung

Das Prinzip der E. beruht auf dem Entzug von Kohlendioxid aus löslichen Hydrokarbonaten, die sich dann als unlösliche Karbonate (Kesselstein) absetzen. Das ist durch Erhitzen des Wassers auf 70–80 °C, durch Zugabe von Kalziumhydroxid oder durch **biogene Entkalkung** (Kohlendioxidentzug durch Photosynthese **autotropher** Wasserpflanzen) möglich.

Entkeimung → Desinfektion

Entsalzung

Vollständige oder weitergehende Entfernung von im Wasser gelösten **Salzen** durch Verdampfen, Gefrieren, **Ionenaustausch, Umkehrosmose** oder Elektrodialyse. Wichtig sind E.-Verfahren bei der Aufbereitung von Meerwasser in Gebieten, wo **Trinkwasser** wirtschaftlich anders nicht gewonnen werden kann.

Enzyme

Von lebenden Zellen erzeugte Eiweißstoffe, die bei Stoffwechselprozessen im Körper von Menschen, Tieren und Pflanzen und bei vielen chemischen Reaktionen eine wichtige Rolle spielen. Einige wichtige StoffwechselE. enthalten als notwendige Bestandteile Spurenelemente (z. B. Eisen, Kupfer, Mangan). Eine Störung der enzymatischen Vorgänge (z. B. durch giftige **Schwermetall**verbindungen) kann erhebliche Gesundheitsschäden verursachen. Bestimmte E. werden u. a. **Wasch- und Reinigungsmitteln** zur Lösung fetthaltiger oder eiweißhaltiger Flecke wie Blut, Ei, Soßen u. a. beigegeben. WaschmittelE. können bei empfindlichen Menschen Hautreizungen und Allergien verursachen.

Epilimnion
E. ist ein Begriff aus der Thermik eines Sees und bezeichnet die Oberflächenschicht während der **Stagnation**.

Erlaubnis (wasserrechtliche)
Die E. gewährt die – widerrufliche – Befugnis, ein Gewässer zu einem bestimmten Zweck auf näher beschriebene Art und Weise zu benutzen; die E. kann befristet werden. Die E. räumt im Vergleich zur **Bewilligung** eine schwächere Rechtsstellung ein.

Erlaubnis- und bewilligungsfreie Benutzungen
Grundsätzlich bedarf jede Gewässernutzung einer behördlichen Erlaubnis oder Bewilligung. Ausnahmen von diesem Grundsatz sieht das **Wasserhaushaltsgesetz** u. a. vor für sogenannte **alte Rechte und alte Befugnisse**, den **Gemeingebrauch,** den Eigentümer- und Anliegergebrauch, die Benutzung zu Zwecken der Fischerei und bestimmte Benutzungen des **Grundwassers**. Weitere erlaubnis- und bewilligungsfreie Benutzungen sehen z. T. die Landeswassergesetze vor.

Europäische Gemeinschaften
→ Internationale Gewässerschutzübereinkommen, Richtlinien der Europäischen Gemeinschaften

Europäische-Wasser-Charta (EWC)
In der am 06. 05. 1968 in Straßburg ratifizierten EWC haben sich die europäischen Staaten verpflichtet, alle annehmbaren Maßnahmen durchzuführen, um jede Form einer schädlichen **Oberflächen-** oder **Grundwasser**verunreinigung, die die Nutzung des Wassers für öffentliche und private Zwecke beeinträchtigt, zu verhindern.

Eutrophierung
Nährstoffanreicherung in einem Gewässer und damit verbundenes übermäßiges Wachstum von Wasserpflanzen (z. B. **Algen,** Laichkraut). Mit dem Abwasser (u. a. Rückstände von Wasch- und Reinigungsmitteln, Fäkalien) und Abschwemmungen landwirtschaftlicher Flächen (**Düngung**) können große Mengen Näh-

E

stoffe (vor allem **Phosphate** und **Nitrate)** in die Gewässer gelangen und das Wachstum der Wasserpflanzen beschleunigen. Durch das vermehrte Absterben von Pflanzen wird bei dem anschließenden Zersetzen übermäßig Sauerstoff verbraucht. Fällt der Sauerstoffgehalt des Wassers unter ein bestimmtes Mindestmaß, hört der Abbau organischer Verunreinigungen durch aerobe Bakterien auf. Bei den danach von anaeroben Bakterien verursachten Zersetzungsprozessen können sich giftige Stoffe wie Schwefelwasserstoff, Ammoniak oder Methan bilden. Das Gewässer beginnt „umzukippen" (Fischsterben und belästigende Gerüche).

Kläranlagen mit weitergehender Reinigung (**dritte Reinigungsstufen**) können die Nährstoffbelastung der Gewässer erheblich verringern.

→ **Phosphathöchstmengen-Verordnung**

F

Fällung/Fällungsbehandlung des Abwassers

Überführung löslicher Verbindungen in unlösliche durch Zusatz geeigneter Chemikalien. Das entstehende F.-Produkt kann durch geeignete physikalische Verfahren (z. B. **Sedimentation, Flotation, Filterung**) abgeschieden werden. F.-Behandlungen werden zur Abscheidung von **Phosphaten** praktiziert. Im Zuge der F.-Behandlung werden neben Phosphaten auch **Schwermetalle** verstärkt vom Abwasser in Klärschlamm überführt. Auch kann die nach biolog. Behandlung im Abwasser verbleibende organische Restschädlichkeit durch F.-Behandlung nochmals (erheblich) vermindert werden.

→ **Metalle**

Fäulnis

Anaerober Abbau organischer Wasserinhaltsstoffe (vor allem Eiweißstoffe).

Dabei entsteht Biogas, das zu 50–70 % aus Methan besteht. Das anfallende Methan kann wirtschaftlich verwertet werden und zur Energieeinsparung beitragen.

→ **Faulgas**

Faulgas
Gase, die bei anaeroben Stoffwechselprozessen entstehen (z. B. Methan CH_4, Schwefelwasserstoff H_2S).
→ **Biogas, Fäulnis**

Faulschlamm
Anaerob stabilisierter **Klärschlamm,** der durch den mikrobiologischen Abbau organischen Materials unter anaeroben Bedingungen und unter Freisetzung/Bildung von **Biogas** entstanden ist. Er hat einen verminderten Gehalt an pathogenen Keimen. Er kann landwirtschaftlich verwertet werden, wenn die Anforderungen der **Klärschlammverordnung** eingehalten werden.
→ **Klärschlammstabilisation**

Fernleitungen (zum Transport wassergefährdender Stoffe)
Rohrleitungsanlagen (wie auch Verbindungsleitungen) zum Befördern **wassergefährdender Stoffe**, die den Bereich eines Werksgeländes überschreiten. Ihre Errichtung und ihr Betrieb bedarf gemäß dem **Wasserhaushaltsgesetz** (WHG) einer besonderen Genehmigung durch die Wasserbehörde. Eine solche Genehmigung darf nicht erteilt werden, wenn durch die Anlage eine Verunreinigung der Gewässer, insbesondere des **Grundwassers**, zu befürchten ist.

Fernwasserversorgung → Wasserfernversorgung

Feststoffe
Ungelöste Stoffe im Wasser und Schlamm. Man unterscheidet je nach spezifischem Gewicht **Sink**-, Schwimm- und Schwebestoffe.
→ **Absetzbare Stoffe**

Feststoffgehalt
Gehalt des Wassers bzw. **Abwasser**schlammes an Feststoffen. Der F. gibt den Gewichtsanteil nach einer definierten Trocknungszeit von 24 Stunden bei 105 °C an. Der F. ist eine wichtige Größe für die Feststellung des Entwässerungsgrades von Abwasserschlamm. Er sollte bei deponiefähigem Schlamm mindestens 30 bis 35% betragen.

F

Filter (Wasserfilter)

Anlagen, in denen mit Hilfe gekörnter Massen oder poröser Körper (z. B. **Aktivkohle-F., Sand-F.**) unerwünschte Stoffe (z. B. Feststoffe, **halogenierte Kohlenwasserstoffe** u. a.) aus dem Wasser abgeschieden werden. Man unterscheidet bei der **Trinkwasseraufbereitung** Langsamsand- und Schnell-F. Langsam-F. sind F. mit einer F.-Geschwindigkeit von wenigen Zentimetern pro Stunde. Der größte F.-Effekt findet in „Langsamsand-F." der obersten Sandschicht statt, die bei Erreichen eines bestimmten Verschmutzungsgrades ausgetauscht wird. Schnellf. haben eine F.-Geschwindigkeit von mehreren Metern pro Stunde und werden in offener oder geschlossener Bauweise (Druck-F., Kessel) angeboten. Als F.-Material dient je nach Aufbereitungszweck Quarzsand, Anthrazit, Aktivkohle, gekörntes Calziumkarbonat oder dolomitisches F.-Material, bei sogenannten Mehrschicht-F. auch zwei oder mehr aufeinander abgestimmte F.-Materialien übereinander. In der Abwasserreinigung werden F. als weitergehende Reinigungsstufe zur Zurückhaltung von Feststoffen im Ablauf mechanisch-biologisch behandelten Abwassers eingesetzt.

→ **Uferfiltration**

Fischkrankheiten

In schadstoffbelasteten Bereichen der südlichen Nordsee einschließlich der Flußmündungsgebiete treten einige Fischkrankheiten gehäuft auf, z. B. die Blumenkohlkrankheit (Papillargeschwulst) beim Aal, die Maulgranulatose des Stints, Geschwürkrankheiten der Flundern.

Es ist noch nicht geklärt, welche Rolle in diesem Zusammenhang erhöhte Nährstoff- und Schadstoffkonzentrationen sowie natürliche und hydrographische Faktoren als Krankheitsauslöser spielen. (Mit einem gemeinsam vom UBA und den Küstenländern Niedersachsen und Schleswig-Holstein geförderten Forschungsprogramm „Fischkrankheiten und Wattenmeer" soll ein biologisches Effektmonitoring entwickelt und erprobt werden, mit dem Ziel, zwischen natürlichen Stressoren (Schadstoffe) zu differenzieren, um den Belastungszustand der Nordsee charakterisieren zu können.)

Fische im Wattenmeer scheinen unter deutlich höherem Krank-

heits- und Parasitendruck zu stehen als Fische vergleichbarer Küstenflachgewässer. In der Nordsee sind weitere häufig beobachtete Fischkrankheiten Lymphocystis (Knötchenkrankheit), Skelettdeformationen, Flossenfäule, Geschwüre, Gelbe Pest beim Kabeljau und Parasitenbefall.
Auch in der Ostsee treten eine Reihe ähnlicher Fischkrankheiten auf, die vermutlich zum Teil auf menschliche Einflüsse zurückzuführen sind.

Fischsterben

Massenhaftes F. kann sowohl durch unmittelbare Einwirkung **wassergefährdender Stoffe** (z. B. hohe Konzentration von Pestiziden), Krankheiten als auch durch Sauerstoffmangel infolge von Sauerstoffzehrung durch **biologischen Abbau** von Wasserverunreinigungen verursacht werden.

→ **Eutrophierung**

Fischtest

Testverfahren zum Nachweis der Wirkung von Wasserinhaltsstoffen auf Fische (DIN 38412 L15) sowie der nicht akut toxischen Wirkung von Abwasser über Verdünnungsstufen gegenüber Fischen (DIN 38412 L31).Testfisch ist bei beiden Verfahren die Goldorfe. Als Bewertungsmaßstab für die Fischverträglichkeit gilt der LC_{50}-Wert. Dabei wird die Abwassergüte über den kleinsten ganzzahligen Wert für die Verdünnungsstufe G (G_F-Wert), bei der alle Fische überleben, bestimmt.

→ **Goldorfen-Test**

Fischtoxizität

Giftigkeit von Stoffen/Stoffgemischen für Fische. Da Fische sowohl im Stoffhaushalt der Gewässer als auch für die menschliche Ernährung von großer Bedeutung sind, ist die Kenntnis der F. eine wichtige Voraussetzung für die Beurteilung der Gewässergefährdung durch Chemikalien bzw. **Abwässer**. Ihre Ermittlung durch standardisierte Laborprüfverfahren wird daher von entsprechenden Gesetzen (Chemikaliengesetz, Pflanzenschutzgesetz, **Abwasserabgabengesetz, Wasserhaushaltsgesetz**) vorgeschrieben.

→ **Bewertung wassergefährdender Stoffe, Goldorfen-Test, Toxizität**

F

Flächenversiegelung (Bodenversiegelung)
Vollständiger oder teilweiser Verschluß von größeren Flächen durch bauliche Maßnahmen (Asphaltieren, Betonieren). Durch F. wird der Oberflächenabfluß und die Verdunstung des Niederschlagwassers verstärkt und damit die Versickerung und die Neubildung von **Grundwasser** vermindert.

Flockung
Verfahren bei der Trink**wasseraufbereitung** und **Abwasserreinigung.**
Dem Wasser wird ein Flockungsmittel zugesetzt, das filtrierbare oder **absetzbare** Flocken bildet. Dabei werden gelöste oder sehr fein verteilte Stoffe von den Flocken eingeschlossen oder physikalisch an der Flockenoberfläche gebunden (**adsorbiert**).

Flotation
Verfahren zum Abtrennen von Schweb- und Schwimmstoffen aus dem **Abwasser**. Bei der F. wird der Auftrieb von Stoffen durch die Anlagerung feiner Luftblasen künstlich erhöht. Damit die an der Wasseroberfläche ankommenden Luftblasen nicht platzen, was ein Absinken der Schmutzteilchen zur Folge hätte, müssen die Luftblasen entweder sehr kleingehalten werden oder dem Abwasser bestimmte Chemikalien (sog. „Schäumer“) beigegeben werden. Der aufschwimmende Schlamm wird von der Wasseroberfläche angezogen.
→ **Abwasserreinigung**

Fluoride
Verbindungen des Fluors (z. B. Ammoniumfluorid, Kaliumfluorid). In einigen Ländern werden F. dem **Trinkwasser** zugesetzt (Trinkwasser-Fluoridierung) als Karies-Vorbeugung. Diese Methode ist umstritten. In höheren Konzentrationen sind F. starke Umweltgifte, die beim Menschen unerwünschte Knochen-, Zahn-, Nieren- und Hautveränderungen hervorrufen können und Pflanzen in besonderem Maße schädigen.

Flußwasseraufbereitung
Reinigung von Flußwasser (meistens in mehreren Stufen), um **Trinkwasser** daraus herzustellen. Im Bereich der EG schreibt

F

eine Richtlinie eine bestimmte Qualität des Flußwassers vor, das für die F. herangezogen werden kann.
Die direkte Entnahme von Flußwasser wird in der Bundesrepublik Deutschland im nennenswertem Umfang nur zur **Grundwasser**anreicherung vorgenommen. Insbesondere die großen Fließgewässer der Bundesrepublik Deutschland eignen sich mit ihrer teilweise hohen Schadstoffbelastung nicht für eine unmittelbare F. (hohe Kosten, Risiko durch unvollständig entfernte Giftstoffe).
→ **Wasseraufbereitung**

Fracht (Schmutzfracht)

Maßzahl für den Zu- oder Ablauf einer **Kläranlage** oder die in einem Gewässer enthaltene Schadstoffmenge pro Zeiteinheit (= Zeitfracht, z. B. kg/sec) oder Produkteinheit (= produktionsspezifische Fracht, z. B. kg/t Produkt) gemessen.
→ **Maßeinheiten**

Freies Grundwasser

Von f. G. spricht man, wenn die Grundwasseroberfläche der Grundwasserdruckfläche entspricht. Unter der Grundwasserdruckfläche versteht man die gedachte Fläche, die entsteht, wenn man z. B. die zueinander gehörenden Druckspiegel in Brunnenrohren miteinander oder mit einem freien Wasserspiegel (**Vorfluter**) verbindet.

Fremdbezug

Wassermenge, die ein öffentliches Wasserversorgungsunternehmen von einem Dritten zur Weiterleitung bzw. Abgabe an Letztverbraucher bezieht.

G

Gastroenteritis

Erkrankung des Magen-Darm-Traktes, die hauptsächlich mit Übelkeit, Erbrechen, Durchfall und/oder kolikartigen Bauchschmerzen auftritt. Sie kann durch Krankheitserreger, wie **Bakterien, Viren** oder **Protozoen** verursacht und auf fäkal-oralem Wege oder indirekt übertragen werden. Einige Krankheitszeichen können auch isoliert infolge von Vergiftungen (z. B. Phytoplanktontoxine) auftreten. Die Zeit zwischen Erregeraufnahme

G

und Ausbruch der Erkrankung (Inkubationszeit) sowie die Krankheitsdauer sind abhängig von der Erregerart und können bei bestimmten Viren insgesamt nur wenige Tage betragen. Die in der Vergangenheit vor Ruhr- und Typhusepidemien (Inkubationszeit 3–4 Wochen) aufgetretene „Wasserkrankheit" war möglicherweise virusbedingt. Zu den wasserhygienisch bedeutsamen Gastroenteritisviren gehören Rota- und Norwalkviren sowie bestimmte Entero- und Adenoviren. Eine typische mit **Trinkwasser** übertragene wahrscheinlich durch Rotaviren verursachte G. ereignete sich 1981/82 in Halle im Versorgungsbereich eines Wasserwerkes, dessen Brunnengalerien während der Hochwasserführung der abwasserbelasteten Saale überflutet wurden, wodurch infolge Kurzschlüssen das Trinkwasser kontaminiert wurde.

→ **Krankheitserreger, Phytoplanktontoxine, Plasmide, Viren, Wasserepidemien**

Gefährdungen/Beeinträchtigungen der Gewässergüte

Mit Abwässern können leicht und schwer abbaubare organische Stoffe, Nährstoffe, Metallverbindungen, Reste von **Wasch- und Reinigungsmitteln, Lösemittel,** Treibstoffe und andere Schadstoffe in die Oberflächenwasser gelangen. Gefährdungen gehen auch vom Straßenverkehr, der mittelbar (z. B. durch Verbrennungsrückstände im Abfluß von Niederschlagswasser) oder unmittelbar (z. B. durch Unfälle mit **wassergefährdenden Stoffen**) die Wasserqualität (auch des **Grundwassers**) beeinflussen kann, und der Zersiedelung (Versiegelung) der Landschaft aus, die den Oberflächenabfluß beschleunigen und die Grundwasserneubildung vermindern.

Ein sich ständig vergrößerndes Problem ist die Belastung unserer Gewässer mit **sauren Niederschlägen**, die z. B. zum Absterben der Fischbrut führen können. Gefahren ergeben sich auch aus den Intensivdüngungen l**andwirtschaft**licher Anbauflächen, wobei die Düngergaben oftmals die Aufnahmefähigkeit der Pflanzen übersteigen und Düngemittel durch Abschwemmung in die Oberflächengewässer oder durch Auswaschung ins Grundwasser gelangen können. Hiermit kann insbesondere bei stehenden Gewässern eine starke **Eutrophierung** einsetzen.

 → **Abwärme, Düngung**

Gefährdung der Ökosysteme und der Wassernutzungen durch menschliche Eingriffe

Auch wasserbauliche Maßnahmen können tiefgreifende Folgen für die aquatische und terristische Pflanzen- und Tierwelt haben. Die Begradigung des Oberrheins im 19. Jahrhundert hat z. B. zur Beschleunigung des Wasserabflusses, diese zur Erosion der Flußsohle und diese wiederum zur Absenkung des Grundwasserspiegels im flußnahen Bereich geführt. Die Absenkung des **Grundwasser**spiegels bis unter den Wurzelbereich der Pflanzen hat den Naturhaushalt nachhaltig verändert. Ein aktuelles Beispiel für Nutzungsgefährdung durch verunreinigte Gewässer ist die von den Niederlanden beklagte Schädigung ihrer Unterglaskulturen, die mit Rheinwasser bewässert werden. Durch die hohen **Salz**konzentrationen ist es dabei nach niederländischen Angaben zu geringerem Wachstum und zu Ernteverlusten gekommen.

Gefahren für Tiere

Die Tierwelt wird durch Gewässerverunreinigungen unterschiedlich betroffen. Die Skala der Wirkungen reicht von der Schädigung einzelner Arten bis zum Aussterben wichtiger Gruppen. Schadwirkungen gehen nicht nur von Giftstoffen, sondern auch von der indirekten Wirkung der Nährstoffe aus (z. B. von **Phosphaten**), wenn diese eine bestimmte Menge übersteigen (**Eutrophierung**). Kurzzeitige Belastungen können nach einer gewissen Zeit eine Regeneration des Systems zulassen. Schadstoffe werden von Land- und Wassertieren unterschiedlich aufgenommen. Fische nehmen z. B. Schadstoffe im wesentlichen über die Kiemen, nicht aber über die Nahrung auf. Landtiere hingegen nehmen die Schadstoffe mit der Nahrung (und dem **Trinkwasser**) auf. Auftretende Belastungen können fast nie auf nur eine Tierart beschränkt werden, da stets viele Arten über Nahrungsketten und Lebensgemeinschaften miteinander verbunden sind. Als z. B. an der Pazifikküste stark DDT-haltige Abwässer eingeleitet wurden, wurden zunächst die Fische stark belastet. In der Folge traten bei den fischfressenden Pelikanen Fortpflanzungsstörungen auf, die zu einer Abnahme der Brut führten. Erst nachdem die Belastung mit DDT verringert worden war, konnte sich das System wieder stabilisieren.

→ **Halogenierte Kohlenwasserstoffe**

G

Gefährliche Stoffe

Gefährlich Stoffe sind Stoffe oder Stoffgruppen, die wegen ihrer Giftigkeit, Langlebigkeit, Anreicherungsfähigkeit oder einer krebserzeugenden, fruchtschädigenden oder erbgutverändernden Wirkung als gefährlich zu bewerten sind.

→ **Eutrophierung; Gefährdung der Ökosysteme und Wassernutzungen durch menschliche Eingriffe, Metalle, Salze, Sediment**

Gemeingebrauch

Unter G. versteht man das Recht eines jeden einzelnen, eine öffentliche Sache ohne besondere Zulassung im Rahmen ihrer Zweckbestimmung zu benutzen. Der Umfang des G. wird durch das **Wasserhaushaltsgesetz** und die Landes**wassergesetze** festgelegt und begrenzt. Ein typischer Fall des G. ist z. B. das Baden in Gewässern.

Gemeinschaftskläranlage

Gemeinsame Behandlung von industriellem, gewerblichem und kommunalem **Abwasser.**

→ **Kläranlage**

Geruchsbelästigung

Geruchsintensive Stoffe können bereits in niedrigen Konzentrationen zu erheblichen Belästigungen führen, ohne daß damit gesundheitliche Beeinträchtigungen verbunden sein müssen. Die Messung von Gerüchen ist außerordentlich schwierig und mit erheblichen Beurteilungsproblemen verbunden. Treten mehr als nur vorübergehende G. bei **Kläranlagen** auf, so kann das ein Hinweis darauf sein, daß die Anlage entweder in ihrem Betrieb gestört oder insgesamt überlastet ist.

G. kann durch Abdeckung von Kläranlagenteilen und Abluftbehandlung begegnet werden.

Gesetze → Wassergesetze

Gespanntes Grundwasser

G. G. entsteht, wenn der Grundwasserleiter von einer nahezu oder ganz undurchlässigen Schicht überlagert ist. Das Grundwasser kann dann nicht mehr entsprechend seinem Druck ansteigen, und der Druck an der Deckfläche ist höher als der atmosphärische Druck.

G

Gewässerarten (-typen)

Ein Gewässer ist (nach DIN 4049) ein in der Natur fließendes oder stehendes Wasser auf dem Festland (einschließlich Gewässerbett) oder **Grundwasser.** Die oberirdisch fließenden Gewässer sind natürliche oder künstliche Wasserläufe. Die natürlichen werden je nach ihrer Bedeutung als Ströme, Flüsse, Bäche, Rinnsale oder dergleichen bezeichnet. Wildbäche sind Wasserläufe im Gebirge, die bei Hochwasser eine ungewöhnlich große Abflußspende haben und eine schnell und stark wechselnde Geschiebeführung aufweisen. Ein Gießbach hat zum Unterschied vom Wildbach keine nennenswerte Geschiebeführung.
Künstliche Wasserläufe sind z. B. Schiffahrtskanäle, Be- und Entwässerungskanäle und -gräben.
Stehende Gewässer sind Seen, Teiche, Weiher und dergleichen, die ebenfalls natürlich oder künstlich sein können. Gewässer, auf denen ein Schiffsverkehr stattfindet, werden als **Wasserstraßen** bezeichnet.
Wasserläufe oder Wasserlaufstrecken, die unter dem Einfluß der Gezeiten stehen, werden Tideflüsse genannt. Die Stelle im Flußlauf, bis zu der die Tideerscheinung noch meßbar ist, wird als Tidegrenze bezeichnet, während die weiter unterhalb liegende Stelle, bis zu der die Flutströmung reicht, die Flutstromgrenze ist.
Den Übergang vom Festland zum Meer bildet an der deutschen Nordseeküste das Watt, eine bei Ebbe trockenfallende, fast ebene Fläche. Mit dem offenen Meer ist das Watt durch tiefe Wasserrinnen, Priele, Gaten, Leyen oder Baljen genannt, verbunden, durch die das Wasser ein- und ausströmt.

Gewässerbett → Sediment

Gewässergüte

Qualität von Oberflächengewässern. Zur Festlegung der G. werden Parameter benötigt, die den Gewässerzustand abbilden und eine Bewertung ermöglichen. Hierfür gibt es eine Vielzahl von Möglichkeiten. Eine von kurzfristigen Einflüssen unabhängige Zustandsbeschreibung bietet die Einleitung nach dem sogenannten **Saprobien-System**. Je nach Belastung mit organischen, unter Sauerstoffzehrung **biologisch abbaubaren** Inhaltsstoffen werden dabei anhand des biologischen Besiedlungsbildes für Fließgewässer 4 Güteklassen und 3 Zwischenstufen unterschieden:

Güteklasse I = unbelastet bis sehr gering belastet
Güteklasse I–II = gering belastet
Güteklasse II = mäßig belastet
Güteklasse II–III = kritisch belastet
Güteklasse III = stark verschmutzt
Güteklasse III–IV = sehr stark verschmutzt
Güteklasse IV = übermäßig verschmutzt

Als zusätzliche Signatur für Gewässerabschnitte, deren Verschmutzung ein solches Ausmaß erreicht hat, daß das biologische Gleichgewicht zerstört ist, wurde 1990 die Güteklasse IV = ökologisch zerstört eingeführt.

Die G. der Fließgewässer in der Bundesrepublik Deutschland wird in einer G.-Karte von der **Länderarbeitsgemeinschaft Wasser** ausgewiesen (letzte Ausgabe 1990). Nach der letzten G.-Karte befinden sich die Gewässer der Bundesrepublik Deutschland in einem unterschiedlichen und in vielen Fällen noch verbesserungsbedürftigen Zustand. Gleichwohl kann festgestellt werden, daß sich die Gewässergüte vieler Fließgewässer (oder Gewässerabschnitte) in den letzten Jahren aufgrund des Baues und der Betriebnahme zahlreicher biologischer Kläranlagen verbessert hat. Bei der Ermittlung der G. nach dem Saprobiensystem werden schwer abbaubare Stoffe und Metalle sowie der Zustand von Gewässerbett und Ufer nicht oder nur bedingt mit berücksichtigt. Dies soll in zukünftige Darstellungen stärker einbezogen werden.

→ **Abwärme**

Gewässernutzung

Zu den wichtigsten G.-Arten gehören die **Trinkwasser**versorgung, die **Betriebswasser**versorgung einschließlich **Kühlwasser**entnahme, die Fischerei, die Schiffahrt, die Wasserkraftnutzung, die **landwirtschaft**liche Nutzung, die Nutzung zu Erholungs-, Freizeit- und Gesundheitszwecken sowie die Nutzung als **Vorfluter** für **Abwässer** einschließlich Kühlwasserabläufen. Die verschiedenen Nutzungsarten führen oft zu erheblichen Interessenkonflikten, da sich zum Beispiel die gleichzeitige Nutzung eines Gewässers als Vorfluter für Abwässer und als Badegewässer ausschließen kann.

Gewässerreinhaltung/Gewässerschutz

Maßnahmen zur Erhaltung bzw. Wiederherstellung eines Gewässerzustandes. Nach dem **Wasserhaushaltsgesetz** gilt es, den Zustand der Gewässer, die nicht oder nur unerheblich verschmutzt sind, zu erhalten und den Zustand der Gewässer, die bereits mehr als unerheblich verschmutzt sind, zu verbessern. Ferner sind die Gewässer (**Grundwasser und Oberflächengewässer**) vor Gefahren und Schäden, die sich aus dem Umgang mit wassergefährdenden Stoffen (Lagerung, Abfüllung, Umschlag, Herstellung, Behandlung, Verwendung) ergeben, zu schützen. Weiterhin sind Nährstoff- (Phosphor- und Stickstoffe) und Gefahrstoffeinträge (z.B. Pflanzenschutzmittel) aus diffusen Quellen (insbesondere aus der Landwirtschaft) in die Gewässer zu vermeiden bzw. zu verringern.

Gewässertypen → Gewässerarten

Giardiasis

Der Erreger ist ein weltweit verbreiteter mehrgeißliger Flagellat (tierischer Einzeller) Giardia lamblia, der als Dünndarmparasit vorkommt und Durchfall verursacht. Für die Verbreitung der Infektion sind mit dem Stuhl ausgeschiedene Zysten (Entwicklungsstadium) verantwortliche, die unter günstigen Bedingungen etwa 3 Monate lebensfähig sein können. Die Zysten werden fäkal-oral oder indirekt übertragen.

→ **Krankheitserreger, Wasserepidemien**

Goldorfen-Test

Häufig angewandter **Fischtest** zur Bestimmung der nicht akut giftigen Wirkung von Abwasser über Verdünnungsstufen gegenüber Fischen innerhalb von 48 Stunden (DIN 38412 L31). Testfisch ist die Goldorfe (Leuciscus idus L.). Als Ergebnis wird der kleinste ganzzahlige Wert für die Verdünnungsstufe G (G_F-Wert), bei der alle Fische überleben, angegeben. Mit Hilfe des

G. wird die **Fischtoxizität** von Abwässern im Sinne des **Abwasserabgabengesetzes** bestimmt.

Grenzwerte

Konzentrationen oder **Frachten** von Stoffen, deren Überschreitung Schäden nach sich ziehen kann bzw. nachteilige Auswirkungen befürchten läßt. So enhält z.B. die **Trinkwasserverordnung** G. für chemische Stoffe (z.B. **Blei**, **Cadmium**) und für **Mikroorganismen**, die nicht überschritten werden dürfen. Diese G. werden so festgelegt, daß sie auch den Schutz sog. Risikogruppen (z.B. Säuglinge, kranke Personen) gewährleisten sollen und daß bei lebenslangem Genuß des Wassers keine gesundheitlichen Beeinträchtigungen zu erwarten sind.

→ **Belastungsgrenzen, Mindestanforderungen**

Grundwasser

Unterirdisches Wasser, das Hohlräume der Erdrinde zusammenhängend ausfüllt und sich unter dem Einfluß der Schwerkraft bewegt. G. führende Schichten heißen G.-leiter, je nach Gesteinsbeschaffenheit unterscheidet man Poren-, Kluft- oder Karstgrundwasserleiter. Der G.-leiter wird nach unten durch eine undurchlässige Schicht begrenzt (Sohlschicht, G.-leiter). Mehrere solcher Schichten bilden verschiedene G.-stockwerke. Die obere Begrenzung des G. heißt G.-oberfläche.

G. ist ein Teil des natürlichen Wasserkreislaufs. Es wird durch versickernde Niederschläge (unterirdischer Abfluß, **Sickerwasser**) gebildet und fließt einem Oberflächengewässer (Vorfluter) zu oder tritt als Quelle oberirdisch aus. In Abhängigkeit von den Niederschlägen und den Vorflutverhältnissen (z.B. Hochwasser) unterliegt die G.-oberfläche natürlichen Schwankungen.

Die Deckschichten und auch der G.-leiter bilden ein natürliches **Filter**system, das das G. vor Verunreinigungen weitgehend schützt, Die Filterwirkung ist jedoch wesentlich abhängig von der Kornzusammensetzung und -größe. Karst-g. ist in der Regel erheblich verschmutzungsempfindlicher als Poren-g. Naturbelassenes G. enthält keine pathogenen Keime oder Schadstoffe, so daß es bevorzugt der Trinkwasserversorgung dient.

Die natürliche Reinigungsleistung von Deckschichten und Grundwasserleiter reicht aber bei massiven anthropogenen Verunreinigungen oft nicht aus. Vorbeugender G.-schutz ist deshalb eine wichtige Aufgabe der Wasserwirtschaft.

Grundwasseranreicherung

Künstliche **Grundwasser**bildung aus oberirdischem Wasser, z.B. mittels Versickerungsbecken oder **Schluckbrunnen**. Die Eigenschaft des angereicherten Grundwassers ist abhängig von der Qualität (Korngrößenzusammensetzung, Porenvolumen, chemische Zusammensetzung der Bodenschichten, Verweilzeit des Wassers im Untergrund usw.) Die Eignung eines Geländes kann im Einzelfall nur durch eingehende Untersuchung unter Prüfung der Schichten sowie durch Temperaturbeobachtungen zur Ermittlung der Fließverhältnisse und durch Versickerungsversuche, die sich über einen längeren Zeitraum ausdehnen müssen, festgestellt werden.

Die G. wird vielfach als Mittel der **Trinkwasseraufbereitung** eingesetzt, d.h. in der Regel wird vorgereinigtes Oberflächenwasser versickert, das nach einer bestimmten Bodenpassage dann zusammen mit echtem Grundwasser gefördert wird. Die G. kann aber auch als wasserwirtschaftliche Maßnahme durchgeführt werden, um einen bestimmten Grundwasserstand zu erhalten bzw. zu erreichen (Vermeidung von unerwünschter Grundwasserabsenkung, Renaturierung von Feuchtgebieten usw.)

Grundwasserentnahme

Die G. aus bestimmten Teilen des Grundwasserleiters führt zu einer Senkung der Druckhöhe und damit des Wasserstandes. Dadurch bildet sich ein Absenktrichter, der abhängig ist von der Durchlässigkeit der Böden, dem Fließgefälle und vor allem der Entnahmemenge.

Bei der G. handelt es sich um einen größeren Eingriff in den Wasserhaushalt, der eine Erlaubnis oder Bewilligung erfordert. Die durch die Entnahme verursachten Grundwasserabsenkungen dürfen nicht zu Schäden in der Land- und Forstwirtschaft führen, z.B. Austrocknung von Feuchtgebieten. Sollte es zu Änderungen der hydrologischen Gebietsverhältnisse kommen, muß in der Regel (siehe Braunkohlesümpfung) die G. eingeschränkt oder ganz unterlassen werden.

G

Grundwassergleichen

Verbindung der Punkte gleicher Höhe der **Standrohrspiegel** einer Grundwasser-Druckfläche, bezogen auf eine waagerechte Ebene. Es ist möglich, die Grundwassergleichen (und damit die Grundwasserdruckflächen) ähnlich wie Höhenlinien in einer topographischen Karte darzustellen und damit das Grundwassergefälle festzustellen.

Grundwassermeßstellen

Eine regelmäßige, bzw. sporadische Überwachung des **Grundwassers** im Hinblick auf Menge und Güte ist Grundlage jeder wasserwirtschaftlichen Planung. Es ist daher erforderlich, ein ausreichendes Beobachtungsnetz zur Verfügung zu haben. Insbesondere in der näheren und weiteren Umgebung von Grundwasserwerken und kontaminierten Standorten (Verschmutzungszentren) sind eine große Zahl von G. unerläßlich. Erst durch das regelmäßige Messen der Grundwasserstände lassen sich Fließrichtung des Grundwassers sowie mögliche Beanspruchung ermitteln. Dabei sind die G. so eingerichtet, daß mit Spezialpumpen Grundwasserproben zur Gütebestimmung entnommen werden können. Vielfach ist in einem Bohrloch die G. so ausgebaut, daß mehrere hydrologisch getrennte Grundwasserstockwerke unabhängig voneinander beobachtet werden können.

Grundwasserschutz

Grundwasser ist für die **Trinkwasser**versorgung von großer Bedeutung. Zum Wohl der Allgemeinheit kommt daher dem Schutz des Grundwassers gegenüber konkurrierenden Interessen entscheidendes Gewicht zu. Der Deutsche Verein des Gas- und Wasserfachs e.V. (DVGW) nennt in seinem Technischen Regelwerk folgende Ziele für den G.:
Insbesondere im Einzugsbereich von Grundwassergewinnungsanlagen sollen gesundheitsgefährdende oder die Qualität des Grundwassers beeinträchtigende Stoffe und Organismen vom Grundwasser ferngehalten, nachteilige Temperaturveränderungen des Grundwassers vermieden und das nutzbare Dargebot der Grundwasservorkommen erhalten werden.
Die gesetzliche Grundlage für den G. bietet das **Wasserhaushaltsgesetz** (WHG).

In der Bundesrepublik wurden in den letzten Jahren vor allem Grundwasserverunreinigungen mit Pflanzenschutzmitteln, **Nitrat** (Landwirtschaft, Weinbau) und mit **chlorierten Kohlenwasserstoffen** (z.B. **Lösemittel** aus metallbearbeitenden Betrieben und chem. Reinigungen) festgestellt.
Die Ländergemeinschaft Wasser (LAWA) und die Bundesregierung tragen den gestiegenen Anforderungen an den G. z.B. durch Verstärkung der Grundwasserqualitätsüberwachung und durch die Überarbeitung der Verordnungen und Technischen Regeln zur **Lagerung und Transport wassergefährdender Stoffe** sowie zur Ausweisung von **Trinkwasserschutzgebieten** Rechnung.

Gruppenklärwerk → Abwassertechnische Zusammenschlüsse

Gülle → Jauche

Güteklassen → Gewässergüte

Haff

Durch eine Nehrung (flacher Landstreifen) vom offenen Meer weitgehend abgeschnürte Meeresbucht einer Flachküste, meist mit Süßwasserzufuhr durch einen einmündenden Fluß. Das Haff ist mit dem Meer durch schmale, vielfach für die Schiffahrt künstlich offengehaltene Durchlässe verbunden und enthält **Brackwasser**. Bei völligem Abschluß vom Meer bilden sich aus dem Haff (meist süßwassergefüllte) Strandseen. Im Bereich der südlichen Ostseeküste gibt es das Kurische, Frische und Stettiner Haff.
→ **Ostsee**

Härte des Wassers → Wasserhärte

Halbwertzeit → Abbau

Halogenierte Kohlenwasserstoffe (HKW)

Sammelbezeichnung für **organische Verbindungen**, die an ein Kohlenstoffgerüst gebundene Halogene (Sammelbegriff für die

H

chemischen Elemente **Fluor**, **Chlor**, Brom, Jod) enthalten. HKW finden u.a. als Pestizide, **Lösemittel**, Transformatorenöle und Kältemittel Verwendung. Viele HKW sind giftig, einige sind krebserzeugend. HKW zeichnen sich i.a. durch hohe Stabilität, gute Aufnahmefähigkeit im Fettgewebe von Lebewesen und geringe **biologische Abbaubarkeit** aus. Dieses bedeutet, daß sie lange in den natürlichen Kreisläufen verbleiben und sich in Organismen anreichern können.
→ **Akkumulation, chlorierte Kohlenwasserstoffe, Kaltreiniger Lösemittel, PCB, Persistenz, Ozon**

Haushaltsabwasser

Schmutzwasser aus privaten Haushalten. H. enthält Bade-, Spül- und Waschrückstände, Speisereste, Exkremente sowie alle sonstigen in die Hausentwässerung (Toilette, Spüle) gebrachten flüssigen und schlammigen Abfälle. Die Menge je Einwohner entspricht in etwa dem Wasserbezug je Einwohner und ist infolgedessen in erster Linie vom Lebensstandard abhängig . Sie beträgt zwischen 80 und 400 Liter am Tag. Das H. ist Teil des kommunalen Abwassers.
Umweltschädigende Abfälle, wie z.B. Lösemittel, Lacke, Treibstoffe, Pflanzenbehandlungsmittel, Arzneimittel, aber auch Zigarettenkippen, Metalle, Kunststoffe u.a. dürfen dem H. nicht beigegeben werden.
→ **Abwasserreinigung, Industrieabwässer**

Helsinki-Übereinkommen → Internationale Gewässerschutzübereinkommen

Hepatitis

Entzündung der Leber, die mit und ohne Gelbsucht einhergehen kann. Die mit dem Wasser übertragbare H. wird durch das Hepatitis-A-Virus und das Hepatitis-E-Virus verursacht. Die Viren werden mit dem Stuhl ausgeschieden und fäkal-oral oder indirekt übertragen. H.-A-kommt weltweit vor, während H.-E. vorzugsweise in asiatischen und afrikanischen Ländern auftritt. Erkrankungsausbrüche stehen nicht nur mit dem Wasser, sondern auch mit dem Verzehr von Austern (von abwasserbelasteten Austernbänken) im Zusammenhang. Eine typische wasserübertragene H.-A-Epidemie ereignete sich 1975 in Thüringen durch die Verwendung von kontaminiertem Trinkwasser für die Herstellung von Brause.

→ **Krankheitserreger, Viren, Wasserepidemien**

Heterotroph → Autotroph

Hohe See

Teil des Meeres, der nicht zum Hoheitsgebiet eines Staates gehört.

Nach Art. 1 des Genfer Abkommens über die Hohe See von 1958 sind unter Hohe See alle Teile des Meeres zu verstehen, die nicht zum Küstenmeer oder zu den inneren Gewässern eines Staates gehören. Art. 86 Satz 1 des Seerechtsübereinkommens der Vereinten Nationen (SRÜ) verengt das Gebiet der Hohen See indem nunmehr alle Teile des Meeres darunterfallen, die nicht zur Ausschließlichen Wirtschaftszone, zum Küstenmeer, zu den Binnengewässern oder zu den Archipelgewässern eines Staates gehören. Freiheiten anderer Staaten in der Ausschließlichen Wirtschaftszone werden dadurch jedoch nicht beschränkt (Art. 86 Satz 2 SRÜ)

Z.Zt. ist die seewärtige Begrenzung des Küstengewässers eine Linie, die 3 Seemeilen (im Gebiet Mecklenburg-Vorpommerns 12 Seemeilen) von der Küstenlinie bei Niedrigwasser bzw. von der Basislinie entfernt verläuft.

→ **Seerechtsübereinkommen der Vereinten Nationen, Ausschließliche Wirtschaftszone**

Hohe-See-Einbringungsgesetz

Die beiden Abkommen von Oslo und London (Oslo-London-Abkommen) wurden in der Bundesrepublik Deutschland durch das „Gesetz zu den Übereinkommen vom 15. Februar 1972 und 29. Dezember 1972 zur Verhütung der Meeresverschmutzung durch das Einbringen von Abfällen durch Schiffe und Luftfahrzeuge“ vom 11. 02. 1977 (BGBl. II S. 165) ratifiziert. Kernstück das Gesetzes ist die Einführung einer Erlaubnispflicht für die Abfallbehandlung auf See. Nach diesem Gesetz ist das **Bundesamt für Seeschiffahrt und Hydrographie** für die Entscheidung

über die Erteilung von Erlaubnissen zuständig. In einem 2-stufigen Verwaltungsverfahren wird zunächst vom **Umweltbundesamt** die Möglichkeit einer Abfallbeseitigung der Stoffe an Land untersucht. Erst, wenn feststeht, daß eine Abfallbeseitigung an Land nicht möglich oder wirtschaftlich nicht vertretbar ist, kommt ein Einleiten oder Einbringen in die Hohe See bzw. das Verbrennen von Abfällen auf der Hohen See in Betracht. Eine Erlaubnis darf nicht erteilt werden, wenn schädliche Auswirkungen auf das Meerwasser zu befürchten sind.
Die letzte Klärschlammeinbringung von Deutschland erfolgte 1982. Lediglich Großbritannien bringt z.Z. noch Klärschlamm in die Hohe See ein.
Seit Oktober 1989 wurden keine deutschen Abfälle mehr auf Hoher See verbrannt.
Mit dem Stop der Dünnsäureeinleitung Ende 1989 wurden keine Industrieabfälle mehr von bundesdeutscher Seite eingebracht.
Aufgrund der restriktiven Erlaubnisvoraussetzungen ist es der Bundesrepublik Deutschland gelungen, die Abfallbeseitigung auf Hoher See ganz zu beenden.
Das Gesetz wird durch die Hohe-See-Einbringungsverordnung und die Hohe-See-Einbringungsverwaltungsvorschrift ergänzt.

Hybridkühlturm → Kühltürme

Hydrobiologie

Lehre von den in Gewässern lebenden Organismen. H. ist sowohl ein Spezialgebiet der Limnologie (Organismen im Süßwasser) wie der Ozeanologie (Organismen im Meerwasser), nicht aber gleichzusetzen mit diesen Begriffen.

Hydrologie

Entstehung, Veränderung und Zustand der verfestigten Erdkruste sind zum großen Teil durch Wasser (Luftfeuchtigkeit, Niederschlag, stehendes oder abfließendes oberirdisches Gewässer, Eis, Thermalwasser oder mineralisches Wasser) geprägt. Erosionen (Abtragungen) und Sedimentationen (Ablagerungen) sind fast ausschließlich durch Wasser bedingt. Durch Ersteres werden Täler und Höhlen gebildet sowie langzeitig ganze Gebirge abgetragen, durch Letzteres Kies-, Sand- und Tonvorkommen gebildet, um nur einige wenige Beispiele zu nennen. Selbst der größte Teil aller Erzvorkommen und Schmucksteine verdankt ihre Entstehung der Abkühlung mineralisierter Wässer im Untergrund. Dieses durch Wasser gekennzeichnete Teilgebiet der Geologie wird unter dem Sammelbegriff Hydrogeologie erfaßt.

Hydrogeologie

Lehre vom Verhalten des Wassers im Untergrund, gleichgültig ob der Aggregatzustand des Wassers dabei fest (vereist), flüssig (**Grundwasser**) oder gasförmig ist. Die H. erfaßt auch das Wechselspiel zwischen Grundwasser und Oberflächenwasser (**Vorflut** und **Uferfiltration**). Im Regelfall bewegt sich das Wasser im Untergrund innerhalb der Hohlräume der Lockergesteine, der Spalten und Fugen von Festgestein und der Höhlensysteme der Karstgebiete. Das Zufließen des unterirdischen Wassers über große Entfernungen zu den besonders durchlässigen Kiesschichten oder stark klüftigen Gesteinen macht sich die Wasserwirtschaft für die Wassergewinnung zunutze.

Hydromelioration

Verbesserung der Bodenstruktur durch Be- und Entwässerungsmaßnahmen.

Hygiene

Gesundheitsvorsorge, Gesundheitslehre.

Die Umwelt-H. hat zur Aufgabe, **Belastungen** von Wasser, Boden, Luft und Nahrungsmitteln mit Schadstoffen bzw. energetische Belastungen (z.B. Lärm, **Abwärme**, Strahlung) zu vermeiden. Auf die Bedeutung der Umwelt-H. (ohne diesen Ausdruck zu benutzen) wies als erster Max von Pettenkofer hin, der in der zweiten Hälfte des letzten Jahrhunderts die Zusammenhänge zwischen dem Ausbruch von Epidemien und dem Zustand des Bodens und **Grundwassers** sowie die Bedeutung derAbwasser**kanalisation** für die H. untersuchte.

Ungewollte Unterstützung bei ihren Bemühungen um die Weiterentwicklung der H. im kommunalen Bereich fanden M. v. Pettenkofer und andere bedeutende Mediziner (z.B. Robert

H

Koch) durch den Ausbruch großer Epidemien, wie z.B. der Choleraepidemie 1892 in Hamburg mit 8600 Todesopfern (durch Verwendung unaufbereiteten Elbwassers als Trinkwasser) und der Typhusepidemie 1901 in Gelsenkirchen mit Hunderten von Toten (durch ungeordnete Ableitung von häuslichem Abwasser).
Als Konsequenzen aus diesen Erfahrungen wurden die **Kanalisation** und die zentrale **Trinkwasser**versorgung ausgebaut.

Hypolimnion

Tiefenwasserbereich eines Sees unterhalb der **Sprungschicht**. H. ist ein Begriff aus der Thermik eines Sees.

I

IMMISSIONSNORMEN

Immissionsnormen sind im Hinblick auf eine Beseitigung der Verschmutzung und auf die verschiedenen Nutzungsarten der Gewässer festgelegte nutzungsbezogene Qualitätsanforderungen an das Wasser. Sie stellen die Gesamtheit der Anforderungen dar, denen das Gewässer je nach seiner Nutzung genügen soll.
Sie sollen gewährleisten, daß beim Menschen oder bei anderen Lebewesen keinerlei schädigende Wirkungen hervorgerufen werden.
→ **Richtlinie der Europäischen Gemeinschaft, Qualitätsziele**

Indikatororganismen

Organismen, die aufgrund ihres Vorkommens (insbesondere durch die Häufigkeit ihres Auftretens) Rückschlüsse auf Boden- und Wasserqualität ermöglichen. Z.B. deuten Colibakterien im Wasser auf eine fäkale Verunreinigung hin. Die Analyse der einen Standort besiedelnden Pflanzengesellschaft beispielsweise erlaubt Rückschlüsse auf die edaphischen (z.B. **Salz**gehalt, Stickstoffgehalt, Kalkzustand, Säurewert) und klimatischen (Wärme- und Wasserhaushalt) Umweltfaktoren.
→ **Bioindikatoren, Saprobiensystem**

Indirekteinleiter

Abwassereinleiter, vor allem Industriebetriebe, die ihr **Abwas-**

ser nicht direkt, sondern über öffentliche **Kanalisationen** und **Kläranlagen** in die Gewässer einleiten.
→ **Direkteinleiter**

Industrieabwässer

I. mit überwiegend abbaubaren organischen Inhaltsstoffen (z.B. aus den zahlreichen Branchen der Herstellung und/oder Verarbeitung von Lebensmitteln und Getränken) können in biologischen **Kläranlagen**, bei hohen Schmutzstoffkonzentrationen auch in mehrstufigen Anlagen, mit Abbauraten bis zu 99% gut behandelt werden. Auch schwerer abbaubare organische Inhaltsstoffe (etwa in Abwässern der Chemischen Industrie oder der Mineralölverarbeitung) können in biologischen Hochleistungskläranlagen – vielfach in Kombination mit anderen Verfahren der Abwasserreinigungstechnik (wie **Flockung/Fällung**, Filtration, **Flotation**) – in beträchtlichem Umfang abgebaut werden. Besonders stark mit organischen Stoffen befrachtete Industrieabwässer oder Abwasserteilströme können mittels anaerober Verfahren (in Biogasanlagen) oder thermisch behandelt werden, wobei die organische Fracht zur Energiegewinnung genutzt wird. Abwässer mit überwiegend anorganischen Inhaltsstoffen (z.B. Maschinen- und Fahrzeugbau, Gewinnung und Verarbeitung von Metallen, Metalloberflächenbehandlung) können chemisch-physikalischen Behandlungsverfahren unterzogen werden, wobei vielfach Wertstoffe – z.B. Metalle – zurückgewonnen werden können. In vielen Fällen können Schädlichkeit und Menge industrieller Abwässer oder Abwasserteilströme durch die Einführung wasser- und damit abwasserarmer oder -loser Produktionsverfahren und von Wasserkreisläufen reduziert werden. Aus Wärmekraftwerken der öffentlichen Stromversorgung werden große **Kühlwasser**mengen überwiegend direkt in die Gewässer eingeleitet.
→ **Haushaltsabwässer**

In-situ-Sanierung

Begriff aus der **Altlasten**-Sanierung. Dabei wird die Sanierung von Boden oder **Grundwasser** im Untergrund, also an Ort und Stelle vorgenommen.

I

Inspektion von Kanälen

Maßnahmen zur Feststellung und Beurteilung des baulichen Ist-Zustandes sowie die Prüfung der Funktionsfähigkeit. Dabei ist besonders zu achten auf Undichtheiten, Abflußhindernisse, Lageabweichungen, mechanische Verschleißerscheinungen, Korrosion, Querschnittsänderungen, Rohrverbindungen und Risse.

Internationale Gewässerschutzübereinkommen und Kommissionen

Zur Vermeidung von Gewässerschäden ist auch im internationalen Bereich ein abgestimmtes Verhalten notwendig. Die Bundesrepublik Deutschland ist Mitglied in Internationalen Kommissionen zum Schutz von **Rhein**, Mosel, Saar, Elbe, Oder und des **Bodensee**s. Auf ihre Veranlassung hin fand im Herbst 1984 eine Internationale Nordsee-Schutzkonferenz statt. Im November 1987 trat die **2. INK** in London zusammen. Es wurde u.a. eine 50%ige Reduzierung der Einleitung und Einbringung von gefährlichen Stoffen und Nährstoffen beschlossen, der Schutz des Wattenmeeres zum wichtigen Ziel und die Nordsee zum Sondergebiet für Schiffsmüll erklärt sowie eine Einstellung der Einbringung von Industrieabfällen (Verklappung) (bis Ende 1989) und der Verbrennung von Abfällen (bis 1994) festgelegt).
Die **3. INK** fand im März 1990 in Den Haag statt. Es wurden Zwischenbilanzen gezogen, viele Ziele wurden bestätigt, einige waren zu optimistisch und können im gegebenen Zeitrahmen nicht eingehalten werden. Fortschritte waren etwa bei der Einbringung von Industrieabfällen erzielt worden, Probleme bereiteten nach wie vor Einträge aus der Landwirtschaft.
Für das Jahr 1993 ist eine Arbeitsgruppensitzung auf Ministerebene geplant, die **4. INK** ist im Jahre 1995 in Dänemark vorgesehen. Zum Schutz der Meere hat die Bundesregierung in der Vergangenheit folgende Abkommen ratifiziert: das Oslo-Übereinkommen vom 15. 02. 1972 (Geltungsbereich Nordsee und Atlantik: „Übereinkommen zur Verhütung der **Meeresverschmutzung** durch das Einbringen von Abfällen durch Schiffe und Luftfahrzeuge"), – das London-Übereinkommen vom 29.12.1972 (Geltungsbereich weltweit: – „Übereinkommen über die Verhütung der Meeresverschmutzung durch das Einbringen

von Abfällen und anderen Stoffen“), – das Helsinki-Übereinkommen der sieben Ostsee-Anliegerstaaten vom 22. 03. 1974 („Übereinkommen über den Schutz der Meeresumwelt des Ostseegebietes“), – das Pariser Übereinkommen vom 04. 06. 1974 (Geltungsbereich Nordsee- und Ostatlantik: „Übereinkommen zur Verhütung der Meeresverschmutzung vom Lande aus“), – das MARPOL-Übereinkommen (Geltungsbereich: weltweit: „Internationales Übereinkommen zur Verhütung der Meeresverschmutzung durch Schiffe“) und das Internationale Übereinkommen zur Verhütung der Verschmutzung der See durch Öl (Oilpol). Im Jahr 1992 ist eine Neufassung des **Helsinki-Übereinkommens** beschlossen worden, welche aber noch nicht von der Bundesrepublik ratifiziert wurde.

Im September 1992 wurde das Übereinkommen über den Schutz der Meeresumwelt des Nordost-Atlantiks („OSPAR Convention“) von den zuständigen Ministern unterzeichnet, es muß ebenfalls noch ratifiziert werden. In diesem Übereinkommen werden die früheren Oslo- und Paris-Übereinkommen zusammengeführt.

Am 13. November 1991 wurde das **6. Trilaterale Regierungsabkommen zum Schutz des Wattenmeeres** von den zuständigen Ministern Dänemarks, der Niederlande und Deutschlands in Esbjerg unterzeichnet.

Die 7. Trilaterale Wattenmeerkonferenz findet 1994 in den Niederlanden statt.

→ **Hohe-See-Einbringungsgesetz, Nordsee, Richtlinien der Europäischen Gemeinschaften**

Ionen

Atome oder Moleküle, die ein- oder mehrfach elektrisch geladen sind. I. entstehen beim Lösen von Säuren und Basen (Laugen) oder Salzen in **Wasser**. Positiv geladene I. heißen Kationen, negativ geladene Anionen, **Salze** bestehen aus positiv und negativ geladenen I.

Ionenaustauscher

Anlagen, die natürliche oder künstliche Substanzen (Kunstharze) enthalten, deren **Ionen** gegen andere ausgetauscht werden können. Bei der **Enthärtung** des Wassers werden z.B. des-

Meßstationen der Internationalen Kommissionen zum Schutz des Rheins und der Europäischen Gemeinschaften.
Von der Vielzahl der im Zuständigkeitsbereich des Bundes und der Länder errichteten Meßstationen zur Überwachung der Fließgewässer sind 6 Meßstationen an das Meßprogramm der Internationalen Rheinschutzkommission (IKSR) angeschlossen. Darüber hinaus werden von neun Meßstationen regelmäßig die Gewässergütedaten im Rahmen des Datenaustausches der Kommission der Europäischen Gemeinschaften (EG) gemeldet.
Die Stationen Koblenz/Rhein und Koblenz/Mosel gehören sowohl zum Meßprogramm der IKSR als auch zu dem der EG.
Quelle: Bundesanstalt für Gewässerkunde (1984)

sen Calcium- und Magnesium-Ionen gegen die im I. gebundenen Natrium-Ionen ausgetauscht und so aus dem Wasser entfernt. Mit Hilfe des I.-Prinzips können auch störende Anionen (z.B. Zyanide) aus **Industrieabwässern** entfernt werden.

→ **Dritte Reinigungsstufen**

I

Itai-Itai-Krankheit

In Japan seit den 50er Jahren aufgetretene Krankheit, die sich in einer starken Verformung des Skeletts, Knochenbrüchen bei geringster Belastung, allgemeiner Abwehrschwäche gegen Infektionskrankheiten und schweren Nierenschäden äußert. Viele Erkrankungen verliefen tödlich. Erst Mitte der 60er Jahre wurde als Ursache die Bewässerung von Reisfeldern mit Flußwasser festgestellt, das durch Cadmium-haltige **Abwässer** eines Bergwerkes verunreinigt war. Der Reis hatte einen stark erhöhten Cadmiumgehalt. Die überhöhten Mengen lagerten sich im Körper ab und führten zu den Erkrankungen.

J

Jauche

Stark wasserhaltige Exkremente mit geringem Feststoffanteil wie Stroh und Futterresten. J. wird wie Gülle und Stallmist als Wirtschaftsdünger zur **Düngung** im **landwirtschaft**lichen Betrieb eingesetzt. J. enthält ca. 0,4% Stickstoff, 0,8% Kalium, 0,01% Phosphorsäure.

J. darf nicht – auch nicht indirekt – über **Kanalisationen** und **Kläranlagen** in Gewässer eingeleitet werden. Die Ausbringung von J. auf landwirtschaftlich genutzte Flächen ist durch Rechtsverordnungen des Kreislaufwirtschafts- und Abfallgesetzes geregelt.

K

Kalisalze

Gemische von Kaliumchlorid und Kaliumsulfat mit Magnesium- und Kalziumverbindungen, die vorwiegend als Düngemittel eingesetzt werden. Die bei der Aufbereitung von K. entstehenden **Abwässer** werden z.T. in Fließgewässer eingeleitet und führen im Falle der Werra/Weser (Hess. und Thüring. Kalisalzvorkommen) und des **Rhein**es (Elsaß) zu Schäden im Gewässer und zur Erschwerung der Trink**wasseraufbereitung**.

K

Kaliumpermanganat
Chemikalie, die u.a. zur **Oxidation** von Wasserinhaltsstoffen wie zum Beispiel zur Enteisung oder zur Entmanganung verwendet wird. K. ist als technischer Hilfsstoff für die Trink**wasseraufbereitung** zugelassen, wobei die Trinkwasser-Aufbereitungs-Verordnung aus technischen Gründen (Vermeidung der Mangan-Ablagerung) festlegt, daß nach abgeschlossener Aufbereitung der Mangangehalt des Trinkwassers (einschließlich des natürlichen Mangangehaltes) nicht höher als 0,1 Milligramm pro Liter sein darf.

Kaliumpermanganat-Verbrauch
Durch Messung des Verbrauchs an Kaliumpermanganat kann die Oxidierbarkeit von im Wasser enthaltenen **organischen** Stoffen festgestellt werden. Der K. V. ist im allgemeinen höher als der **biochemische Sauerstoffbedarf** (BSB), weil die chemischen Reaktionen hierbei wesentlich weitergehen und auch Substanzen angegriffen werden, die biologisch nicht abgebaut werden. Bei der Bestimmung des **chemischen Sauerstoffbedarfes** (CSB) wird als **Oxidation**smittel Kaliumdichromat eingesetzt, das aufgrund seiner stärkeren Oxidationskraft mehr erfaßt als Kaliumpermanganat.

Kaltreiniger
Kaltreiniger sind unter Normalbedingungen (0,1 MPa, 20°C) flüssige Stoffe oder Zubereitungen, die im nicht erwärmten Zustand zum Reinigen von Materialoberflächen (vor allem metallisch blanken u./o. lackierten Oberflächen) angewendet werden. Die in der Vergangenheit bevorzugt eingesetzten CKW, sind bis auf 3 Ausnahmen durch die FCKW-Halon-Verbots-VO und die 2. BImSchV verboten. Die drei noch erlaubten CKW dürfen nur noch in geschlossenen Anlagen mit Schleusensystem eingesetzt werden. Neben den sowie in Ersatz für die CKW kommen organische Lösemittel, z.B. Alkohole, Ester (Kohlenwasserstoffe zum Teil mit Aromaten) oder wäßrige tensidhaltige Reiniger zum Einsatz. Bei organischen **Lösemitteln** muß auf gute Be- und Entlüftung (Absaugung) geachtet werden, um Lösemitteldämpfe am Arbeitsplatz zu verhindern, bei Stoffen mit sehr niedrigem Flammpunkt muß zusätzlich Explosions-

schutz vorgesehen werden. Wäßrige Reiniger erfordern im Reinigungsprozeß häufig einen erheblichen Mehraufwand durch notwendiges Nachspülen, verstärkte Korrosionsschutzmaßnahmen und Trocknung.
Die entstehenden Kaltreiniger/Öl-Gemische dürfen mit Wasser keine stabilen Emulsionen bilden, da dann die Funktion eines Leichtflüssigkeitsabscheiders nach DIN 1999 (z.B. Öl- oder Benzinabscheider) negativ beeinflußt wird. Die Ableitung der Gemische darf nur über solch einen Abscheider erfolgen.
In Verbindung mit den abgelösten Schmutzstoffen (Fette, Öle, Ruß, Klebstoffe, Schwermetalle u.a.) wirken Kaltreiniger in der Regel stark gewässerschädigend und müssen einer Abwasserbehandlung zugeführt werden.

Kanalisation

Leitungsnetz der Entwässerung. Die K. dient der Erfassung und Ableitung von Schmutzwasser aus Haushalten, Industrie- und Gewerbebetrieben und von Niederschlagswasser. Schmutzwasser und Niederschlagswasser werden entweder getrennt (**Trennsystem**) oder gemeinsam (**Mischsystem**) abgeleitet. Vorteile des Mischsystems sind Platz- und Kostenersparnis sowie die Möglichkeit, Niederschlagswasser in **Kläranlagen** zu reinigen. Allerdings können Mischsysteme (und Kläranlagen) bei starken Regenfällen nur einen Teil des Abwassers aufnehmen, der andere Teil fließt über Überläufe (Regenentlastungsanlagen) ungereinigt in die **Vorfluter**. Diesen Nachteil vermeiden Trennsysteme, jedoch kann das Niederschlagswasser so verschmutzt sein, daß es ebenfalls eine Belastung des Vorfluters darstellt. Als Gegenmaßnahme bieten sich **Regenklärbecken** an, in denen die absetzbaren Stoffe zurückgehalten werden. Nach Starkniederschlägen können die verbleibenden Mengen biologischen Kläranlagen zugeleitet werden.

Kanzerogenität

Bezeichnet die Eigenschaft von Stoffen (Kanzerogenen) oder physikalischen Einwirkungen (energiereiche Strahlungen), bösartige Tumore (Krebs) zu verursachen. Vom Beginn der Einwirkung bis zum Auftreten der Erkrankungen können längere Zeiträume (Jahre oder Jahrzehnte) vergehen. Oft genügt die

K

einmalige Einwirkung eines Schadstoffes, um eine nicht mehr rückgängig zu machende Tumorbildung zu verursachen. Einige Stoffe können bereits beim Embryo im Mutterleib Tumoren ausbilden oder anlegen. Auch das Auftreten sog. gutartiger Tumoren ist aus medizinischer Sicht nicht immer unbedenklich.
→ **Toxizität**

Kationen → Ionen

Keime (im Wasser)

Krankheitserregende (pathogene) K. (z. B. Cholera-, Typhus-, Paratyphus-, Ruhrerreger) dürfen im **Trinkwasser** nicht enthalten sein. Die normalerweise im Darminhalt vom Menschen und Tieren sehr zahlreich vorkommenden **Colibakterien** (z. B. Escherichia coli) deuten beim Auftreten im Wasser auf eine fäkale Verunreinigung hin. Die kleinste in ml angegebene Wassermenge, in der Escherichia coli noch nachweisbar ist, wird als Coliliter bezeichnet. In 100 ml Trinkwasser dürfen keine Escherichia coli nachweisbar sein.
→ **Krankheitserreger**

Kläranlage/Kleinkläranlage

Anlage zur Reinigung von **Industrie- und Haushaltsabwässern**. Je nach Abwasserbeschaffenheit, Konstruktion und Leistungsfähigkeit der K. erfolgt die **Abwasserreinigung** mechanisch (1. Stufe), biologisch (2. Stufe) und weitergehend (3. Stufe).
Die mechanische Reinigung entfernt auch Spur- und Sinkstoffe. Sie nutzt die physikalischen Eigenschaften zur Rückhaltung der im Abwasser enthaltenen ungelösten Stoffe (**Rechen, Sandfang**). In der 2. Stufe werden die meist mechanisch vorgereinigten Abwässer mit Hilfe von **Mikroorganismen** gereinigt. Abgebaut werden dabei vor allem **organische** Stoffe, z. B. aus Lebensmittelresten und Fäkalien. In der weitergehenden Abwasserreinigung werden durch Einsatz von Chemikalien weitere Stoffe wie **Phosphate** und **Schwermetalle** gefällt und geflockt und aus dem Wasser entfernt. Bei der Klärung bleibt **Blähschlamm** übrig, der stabilisiert werden muß. Die festen Rückstände werden landwirtschaftlich verwertet, auf Deponien abgelagert oder verbrannt.

Kleinkläranlagen nach DIN 42 61 dienen vorwiegend der Reinigung von Abwässern einzelner Gebäude mit einem Schmutzwasseranfall bis 8 m³/d. Es wird unterschieden zwischen Anlagen mit Belüftung, die alle wesentlichen Elemente einer Belebungsanlage in kompakter Form enthalten, und solchen ohne Belüftung (Mehrkammerfaulgruben). Der Überlauf dieser Faulgruben sollte bevorzugt über Sandfiltergräben gereinigt werden. Die einwandfreie Funktion der Kleinkläranlagen ist nur bei ausreichender Wartung (. B. regelmäßige Schlammabfuhr) gewährleistet.

→ **Abwasserbehandlung, Ammonium, Biolog. Abwasserreinigung, Denitrifikation, Dritte Reinigungsstufen, Geruchsbelästigungen, Klärschlammentwässerung, Klärschlammstabilisation, Nitrifikation.**

Klärschlamm

Bezeichnung für den ausgefaulten bzw. auf sonstige Weise stabilisierten Schlamm aus **Kläranlagen**. K. aus häuslichen Abwässern enthält viele Nähr- und Humusstoffe und kann unter bestimmten Voraussetzungen als Düngemittel verwendet werden. Einzelheiten regelt die **K.-Verordnung** vom 01. 07. 1992 (BGBl. I S. 912). K. kann je nach Abwasserart und Behandlungsverfahren umwelt-/gesundheitsgefährdende Stoffe wie Krankheitskeime und **Schwermetalle** (z. B. **Cadmium, Blei, Quecksilber**) enthalten. Anfang der 90er Jahre mußten rd. 60 Mio m³ K. entsorgt werden; dies entspricht einer Trockenmasse von etwa 3 Mio. Tonnen.

Klärschlammentwässerung

Verfahren zur Verringerung des Wassergehaltes und des Schlammvolumens. Übliche Verfahren sind die statische Eindickung in Schlammsilos oder Eindickbehältern oder – bei entsprechendem Platzangebot – die Entwässerung über Schlammtrockenbeete. Zur weitergehenden Entwässerung werden Verfahren der maschinellen K. angewendet: Zentrifugen, Siebbandpressen und Kammerfilterpressen (Restwassergehalt 60–80%). Sind noch niedrigere Wassergehalte erforderlich, müssen Verfahren thermischer Trocknung eingesetzt werden.

→ **Feststoffgehalt**

K

Klärschlammkompostierung

Biologische Methode zur Behandlung von **Klärschlämmen**, die in der Bundesrepublik Deutschland zur Zeit in etwa 30 Anlagen praktiziert wird. Die Verrottung (**aerobe** Zersetzung fester organischer Stoffe) kann in Mieten oder in Behältern (sogenannte Bioreaktoren) bei Temperaturen von etwa 65° Celsius ablaufen. Neben einer Belüftung ist die Beimengung organischen Kohlenstoffes erforderlich. Der entstehende Kompost ist hygienisch einwandfrei.

Klärschlammstabilisation

In hochbelasteten Kläranlagen fallen frische Abwasserschlämme mit hohem Gehalt an organischen Stoffen an. Die Beseitigung dieser Schlämme setzt die Schlammstabilisation voraus. Übliche Verfahren hierzu sind die Schlammfaulung und die **aerobe** Behandlung der Schlämme. Die Schlammfaulung geschieht unter Luftabschluß. Dabei werden die organischen Bestandteile des Frischschlammes abgebaut und in Kohlendioxid, Methan und Schwefelwasserstoff übergeführt. Das entstehende **Biogas** kann als Energie zur Heizung oder als Treibstoff für Gasmotoren verwendet werden. Der ausgefaulte Schlamm kann unmittelbar auf landwirtschaftlich genutzte Flächen ausgebracht werden. Er gibt sein Wasser (Faulwasser) verhältnismäßig leicht ab und läßt sich somit gut entwässern.
In schwach- und niedrigbelasteten **Kläranlagen** kann die Schlammstabilisation entfallen, da die organischen Stoffe weitgehend mineralisiert und damit inaktiv sind.

Klärschlammverbrennung

Verfahren zur Beseitigung von **Klärschlämmen.**
Die K. kann bei Klärschlämmen angewendet werden, die nicht verwertet werden. Dabei werden schädliche organische Inhaltsstoffe zerstört und die zu entsorgende Menge reduziert. Zur Verbesserung der Energiebilanz der K. wird der Klärschlamm zuvor weitestgehend mechanisch entwässert. In der Bundesrepublik Deutschland werden etwa 10–15% der kommunalen Klärschlämme verbrannt, über 60% werden unverbrannt abgelagert.

Klärschlammverklappung
Verfahren zur Einbringung von **Klärschlämmen** in die Meere. Der ausgefaulte Klärschlamm wird in Spezial-Schlammschiffe gepumpt und auf der Hohen See verklappt. Vom Gebiet der Bundesrepublik Deutschland aus erfolgt seit 1983 keine K. mehr. Nur Großbritannien bringt noch Klärschlamm in die Hohe See (im Bereich der Nordsee) ein.
→ **Hohe-See-Einbringungsgesetz**

Klärschlammverordnung (AbfKlärV)
Die Verordnung vom 01. 07. 1992 (BGBl. I S. 912) regelt das Aufbringen von **Klärschlamm** aus **Abwasserreinigung**sanlagen auf landwirtschaftlich, forstwirtschaftlich oder gärtnerisch genutzte Flächen. Die Verordnung bestimmt, daß der Klärschlamm vorher entkeimt sein muß und setzt für sieben **Schwermetalle** (**Blei, Cadmium,** Chrom, **Kupfer,** Nickel, **Quecksilber,** Zink) Höchstmengen fest. Die Verordnung regelt weiterhin die Zeitabstände, in denen der Klärschlamm aufgebracht werden kann und begrenzt die jährliche Menge. Das Aufbringen von Klärschlamm auf Gemüse- und Obstanbauflächen sowie auf Dauergrünland und forstwirtschaftlich genutzte Böden ist verboten.

Klärschlammverwertung
Etwa 25% der in der Bundesrepublik Deutschland anfallenden kommunalen **Klärschlämme** werden landwirtschaftlich verwertet (1990). Klärschlämme können in fester und flüssiger Form in der Landwirtschaft angewendet werden. Mit den Klärschlämmen werden wichtige Nährstoffe und erhebliche Mengen organischer Substanzen dem Boden zugeführt und damit die Bodenfruchtbarkeit erhöht bzw. wieder hergestellt. Zur Verhinderung negativer Auswirkungen durch Schadstoffe in Klärschlämmen (Schwermetalle) wurde die **Klärschlammverordnung** erlassen.

Kluftwasser → Grundwasser

Kolibakterien → Colibakterien

K

Kombinationswirkung
Wirkungen, die von gleichzeitigen oder aufeinanderfolgenden Einwirkungen mehrerer Umweltfaktoren auf einen Organismus ausgehen. Es können additive Wirkungen (die Einzelwirkungen summieren sich), synergistische Wirkungen (die Einzelwirkungen verstärken sich in unerwartetem Umfang, wie z. B. bei Einnahme von Alkohol mit bestimmten Arzneimitteln) und antagonistische Wirkungen (die Einzelwirkungen heben sich gegenseitig auf oder schwächen die Gesamtwirkung) unterschieden werden.

Kommunale Abfälle
Bezeichnung für Hausmüll und hausmüllähnliche Abfälle, wie z. B. Sperrmüll, Glasabfälle, Straßenkehricht, Garten- und Parkabfälle, aber auch **Klärschlämme** aus kommunalen **Kläranlagen**.

Komplexbildner
Anorganische oder organische **Verbindungen,** die Metallionen binden, so daß sich deren Verhalten (z. B. Reaktions- und Lösungseigenschaften) verändert. K. werden verwendet, um Metalle zu binden und zu entfernen oder in Lösung zu bringen, Wasser zu enthärten, Gase zu binden, Polymerisationen auszulösen usw., z. B. können K. schwerlösliche Verbindungen durch die Komplexbildung in leicht lösliche Verbindungen überführen. K. werden z. B. in Düngemitteln, **Wasch- und Reinigungsmitteln**, im Korrosionsschutz, in der Arznei- und Lebensmittelindustrie eingesetzt.

Kontamination
Verschmutzung oder Verseuchung durch Schadstoffe (z. B. Biozide), Krankheitserreger (pathogene Mikroorganismen) oder radioaktive Strahlung.

Konvektion
Transport von Wasserinhaltsstoffen (Schadstoffen) in der Richtung und mit der Geschwindigkeit des Grundwassers im Untergrund.

 → **Diffussion, Dispersion**

K

Konzentration
Stoffmenge oder Stoffanteile in einem bestimmten Volumen (z. B. mg/l bzw. g/m³). Die K. von Schadstoffen in einem Gewässer ist von deren Wasserführung und der transportierten Schadstoffmenge abhängig.
→ **Fracht, Maßeinheiten**

Kooperationsprinzip
Auf den Umweltschutz in der Bundesrepublik Deutschland angewendetes Grundprinzip, das die an der Lösung von Umweltproblemen zusammenwirkenden gesellschaftlichen Kräfte zu einer partnerschaftlichen Zusammenarbeit und ökologischen Verantwortung verpflichtet. Das K. beruht auf der Erkenntnis, daß auf freiwilliger Basis zu erzielende Handlungen grundsätzlich gesetzlichen Regelungen vorzuziehen sind. Das K. kann nur dann zufriedenstellend funktionieren, wenn die beteiligten Gruppen sich zur Erhaltung bzw. Wiederherstellung einer gesunden Umwelt verpflichtet fühlen und ihr Verhalten darauf ausrichten.
→ **Verursacherprinzip, Vorsorgeprinzip**

Korrosion
Unerwünschte chemische Veränderung (Zerstörung) von Materialoberflächen mit einhergehender Verringerung der Widerstandsfähigkeit des Materials gegen mechanische oder chemische Belastungen. Der häufigste Fall von K. ist die Rostbildung. Die K. kann durch Gewässerverunreinigungen erheblich beschleunigt werden. So ist z. B. bekannt, daß bei den Rohren der **Trinkwasserversorgungsanlagen** die K. um so schneller fortschreitet, je höher der Salzgehalt des Wassers ist.
Entsalzung, Teilentsalzung

Krankheitserreger
Mit dem Trink- oder Badewasser können K. fäkalen Ursprungs übertragen werden und in Abhängigkeit von der Erregerkonzentration und der Anzahl der betroffenen Personen zu Einzelerkrankungen oder Explosivepidemien führen. Diesen Erkrankungen ist gemeinsam, daß die Erreger direkt fäkal-oral durch fäkalienkontaminierte zum Mund geführte Hände oder

indirekt über Wasser oder Lebensmittel übertragen werden. Zu den wasserübertragbaren Infektionskrankheiten gehören neben den bakteriell verursachten, wie **Cholera, Ruhr, Typhus**, virale, wie **Gastroenteritis, Hepatitis**, auch solche durch Protozoen, wie **Giardiasis.** Beim Baden werden zusätzlich in Schwimmbädern oder -hallen virusbedingte **Plantarwarzen** und in Gewässern die parasitenbedingte **Zerkariendermatitis** übertragen.

Krebs → Kanzerogenität

Kreislauf des Wassers → Wasserkreislauf

Kreislaufführung

Die Notwendigkeit, aus Umweltschutz- und Kostengründen Wasser zu sparen, zwingt zur mehrfachen Nutzung des Wassers. Bei der eigentlichen K. wird das Wasser ohne zeitliche Begrenzung in geschlossenen Kreisläufen geführt (z. B. bei der Kühlung). Im weitesten Sinne versteht man unter K. auch die mehrfache Nutzung von Wasser. In der Bundesrepublik Deutschland wird das von der Industrie geförderte oder bezogene Wasser im Durchschnitt 3,1mal genutzt.

→ **Abwasservermeidung, Kühltürme**

Kühltürme

Anlagen zur Ableitung von Kraftwerksabwärme und **Abwärme** aus anderen industriellen Prozessen in die Atmosphäre. Zu unterscheiden sind Naß- und Trockenkühltürme. In einem Naßkühlturm kommt aufgewärmtes **Kühlwasser** mit dem Frischluftstrom in Berührung. Die Abwärme wird dabei dem Kühlwasser sowohl durch Erwärmung als auch durch Verdunstung des Kühlluftstroms entzogen. Der von der Kühlturmkrone ausgehende sichtbare Wasserdampf (Schwaden) enthält feine Tröpfchen, die bei der Abkühlung des mit Wasserdampf gesättigten Kühlluftstroms entstehen. In einem Kreislaufsystem mit Naßkühlturm muß das Verdunstungswasser laufend durch Frischwasserzufuhr ersetzt werden.

In Trocken-k. sind Kühlwasser und Kühlluftstrom durch geschlossene Wärmeaustauscherelemente ähnlich einem „Autokühler" voneinander getrennt (daher auch geschlossene Rückkühlung). Die Abwärme aus dem Kühlwasser wird durch die Wärmeaustauscherelemente hindurch an den Kühlluftstrom übertragen. Die unsichtbare Abwärmefahne enthält daher nur erwärmte Luft. Eine Kombination aus Trocken- und Naßkühlturm ist der Hybridkühlturm, der unabhängig von der jeweiligen Wetterlage betrieben werden kann und durch den Schwadenfreiheit bzw. Schwadenverdünnung erreicht werden kann.

Kühlwasser

Wasser zum Abführen überschüssiger, bei technischen Prozessen unvermeidlich anfallender Wärme. Am einfachsten und billigsten läßt sich die beim Betrieb von Kraftwerken zwangsläufig anfallende **Abwärme** durch Kühlung mit Flußwasser abführen. Wenn dabei eine unzulässig hohe Erwärmung des Gewässers eintritt, muß das K. vor der Wiedereinleitung in das Gewässer über **Kühltürme** geleitet werden. Die Länderarbeitsgemeinschaft Wasser hat Höchsttemperaturen zwischen 25 bis 28 °C je nach Gewässerart empfohlen.
Der K.-Bedarf von Kraftwerken richtet sich nach dem Kraftwerkstyp und dem angewandten Kühlverfahren. Er liegt bei einem modernen Kohlekraftwerk von 700 MW und Durchlaufkühlung mit Frischwasser bei rund 90 000 m^3/h; für ein Kernkraftwerk mit einer Leistung von 1300 MW bei 200 000 m^3/h und mehr.

Kühlwasseraufbereitung

Aufbereitung von **Oberflächenwasser** vor dessen Einsatz als **Kühlwasser**. Hierzu gehört u. a. die Entfernung von Schwimmstoffen durch Rechen und Siebeinrichtungen bzw. den absetzbaren Stoffen in Absetzanlagen mit Flockungsmittelzugabe, die Enthärtung des Wassers, das Ersetzen eines Teiles des Kühlwassers durch Frischwasser (Absalzung) oder die Bekämpfung von Algen- und Pilzbildungen durch **Chlorung.**
→ **Wasseraufbereitung**

Kupfer

K. wird unter anderem als Leitungsmaterial in der Elektrotechnik und im Rohrleitungsbau verwendet. K. ist für Menschen, höhere Tiere und einige Pflanzen ein wichtiges Spurenelement.

Gelöste K.-Salze sind stark gewässerschädigend und wirken bereits in sehr geringen Mengen als starke Gifte für Bakterien, Algen, Krebse und Fische.

L

Länderarbeitsgemeinschaft Wasser (LAWA)

Arbeitsgemeinschaft der für die Wasserwirtschaft und das Wasserrecht zuständigen obersten Behörden der Bundesländer. Aufgaben und Ziele der LAWA sind u.a. der Austausch von Informationen und Erfahrungen im Interesse eines effektiven und gleichmäßigen Gesetzesvollzugs in den Ländern, die Koordinierung von Forschungs- und Entwicklungsvorhaben, die Erarbeitung von Musterentwürfen für Merkblätter, Richtlinien und Informationsschriften als Hilfsmittel zur Lösung wasserwirtschaftlicher Aufgabenstellungen sowie die Zusammenarbeit mit dem Bund in übergreifenden Fragen.

Lagerung und Transport wassergefährdender Stoffe (LTwS)

Wesentlicher Teil des Gewässerschutzes – insbesondere des Grundwasserschutzes –, der vor allem durch das **Wasserhaushaltsgesetz** (§19a ff.) geregelt wird. In diesem Sinne sind **wassergefährdende Stoffe** „feste, flüssige und gasförmige Stoffe (. . .), die geeignet sind, nachhaltig die physikalische, chemische oder biologische Beschaffenheit des Wassers zu verändern" und dadurch z.B. **Ökosysteme** zu schädigen. Solche Stoffe können auch die verschiedenen Gewässernutzungen wie z.B. die **Trinkwasser**versorgung, die Fischerei oder den Wassersport beeinträchtigen oder unmöglich machen. Anlagen, die dem Lagern, Abfüllen, Herstellen, Behandeln und Verwenden wassergefährdender Stoffe dienen, müssen deshalb so beschaffen und betrieben werden, „daß eine Verunreinigung der Gewässer oder eine sonstige nachteilige Veränderung ihrer Eigenschaften" verhindert wird. Anlagen zum Umschlagen wassergefährdender Stoffe und Anlagen zum Lagern und Abfüllen von Jauche, Gülle und Silagesickersäften müssen so beschaffen und betrieben werden, daß der bestmögliche Schutz der Gewässer vor Verunreinigung erreicht wird.

→ **Alarmpläne, BMU, Bundesberufsfortbildungszentrum „wassergefährdende Stoffe"**

Landwirtschaft
Die landwirtschaftliche Produktion kann die Qualität von **Grundwasser** und Oberflächengewässern vor allem durch die Verwendung von Dünge-, Pflanzenbehandlungs-, Reinigungs- und Desinfektionsmitteln und durch pharmakologisch wirksame Stoffe beeinflussen. So können durch Auswaschung und Abschwemmung z. B. Nährstoffe in Grund- und **Oberflächenwasser** gelangen. Durch Nitrate kann die **Trinkwasser**versorgung, durch Phosphate und Nitrate die Qualität von Oberflächengewässern (z. B. durch **Eutrophierung**) beeinträchtigt werden.

→ **Düngung, Klärschlamm, naturnaher Gewässerausbau**

Latenzzeit
Zeitraum von der Einwirkung von Schadstoffen (z. B. in einem Gewässer) bis zum Hervortreten von Schädigungen.

LAWA → Länderarbeitsgemeinschaft Wasser

Leicht abbaubare Stoffe
Organische Stoffe, beispielsweise in **Haushaltsabwässern,** die im Wasser unter Verbrauch von Sauerstoff biologisch zu **anorganischen Verbindungen** abgebaut werden. Am **Abbau** sind **Bakterien** und Kleinlebewesen beteiligt. Der Sauerstoffverbrauch wird als Biochemischer Sauerstoffbedarf (BSB) oder **Chemischer Sauerstoffbedarf** (CSB) angegeben.

→ **Abbau**

Leitfähigkeit
Maß für den Gesamtsalzgehalt, der in wäßrigen Lösungen von der Ionenkonzentration, von der Ionenleitfähigkeit sowie der Temperatur abhängig ist.

Letale Dosis (LD)
Bezeichnet die für Mensch und Tier innerhalb eines bestimmten Zeitraumes aufgenommene tödliche Dosis (aufgenommene Gesamtmenge) eines Stoffes. LD 50 gibt bei Tierversuchen die mittlere tödliche Dosis, bei der 50% der Versuchstiere durch den betreffenden Stoff getötet werden, LD 100 die absolut tödliche Dosis an.

→ **Toxizität**

L

Letale Konzentration (LC)

Bezeichnet die für Lebewesen tödliche Konzentration eines Stoffes in einem bestimmten Medium (Luft oder Wasser). LC 50 gibt im Tierversuch (z. B. **Fischtest**) die mittlere tödliche Konzentration (50% der Versuchstiere werden innerhalb der Versuchszeit durch den betreffenden Stoff getötet), LC 100 die absolut tödliche Konzentration an.
→ **Toxizität**

Ligninsulfonsäuren

Schwefelhaltige, **organische Verbindungen**. L. fallen in **Abwässern** der Zellstoff- und Papierindustrie in großen Mengen an.
Sie sind biologisch im Wasser **schwer abbaubar** und beeinträchtigen die Aufbereitung von **Oberflächenwasser** und **Uferfiltrat** zu **Trinkwasser** (vorzeitiger Verbrauch von **Aktivkohle-Filter**). Infolge der Sanierungsmaßnahmen in den deutschen Zellstofffabriken (hochgradige Erfassung der Zellstoff-Kochlaugen) sind die L-Konzentrationen in den Gewässern merklich zurückgegangen.

Limnologie

(Binnengewässerkunde) Lehre von den oberirdischen Binnengewässern, insbesondere von deren Stoffhaushalt und den lebenden Organismen. Die L. schließt Teilgebiete der Chemie, Physik, Biologie (einschließlich Bakteriologie), Geologie und Bodenkunde mit ein.

Lösemittel/Lösungsmittel

Flüssigkeiten, die andere Stoffe lösen können, ohne sie chemisch zu verändern. Außer Wasser werden vor allem **organische Verbindungen** verwendet: für die Industrielle Produktion, für Lacke, Druckfarben und andere Beschichtungsmittel, zum Abbeizen, Reinigen und Entfetten und eine Vielzahl weiterer Anwendungen. Die Mehrzahl der als L. verwendeten **halogenierten Kohlenwasserstoffe** sind stark gewässerschädigend. Seit einigen Jahren werden diese Stoffe häufiger im **Grundwasser** festgestellt, besonders bekannt geworden ist die relativ hohe Konzentration im Grundwasser im Raume Mannheim-Heidelberg. Die Ursache für solche Belastungen ist unsachgemäßer

L

Umgang durch Industrie und Gewerbebetriebe, die halogenierte Kohlenwasserstoffe in großen Mengen als L.- und Reinigungsmittel einsetzen. In Kanalisationen abgeleitete L. stellen eine Gefahr für Grundwasser und Oberflächengewässer dar, da L. z. B. Kanalisationsrohre durchdringen und ins Grundwasser gelangen können. Daher sind beim Gebrauch von L. entsprechende Dampfdiffusionssperren zu installieren.

London-Übereinkommen → Internationale Gewässerschutzübereinkommen

M

Maßeinheiten

Umweltbelastungen werden oft mit den folgenden Größen angegeben:

Emissionskonzentration	mg/m³	Milligramm pro Kubikmeter	Schadstoffmenge je Kubikmeter Abgas
Emissions massenstrom	kg/h	Kilogramm pro Stunde	Emittierte Schadstoffmenge je Stunde
Emissionsfaktor	kg/t	Kilogramm pro Tonne	Emittierte Schadstoffmenge bezogen auf Produktionsmenge
Emissionsfaktor	kg/TJ	Kilogramm pro Terajoule	Emittierte Schadstoffmenge bezogen auf Wärmeleistung (bei Feuerungsanlagen)
Immissionskonzentration	µg/m³	Mikrogramm pro Kubikmeter	Schadstoffmenge je Kubikmeter Luft – 1000 µg = 1 mg
Konzentration	mg/l	Milligramm pro Liter	Schadstoffmenge je Liter Wasser
Konzentration, Gehalt	mg/kg	Milligramm pro Kilogramm	Schadstoffgehalt von einem Kilogramm Boden, Lebensmittel usw.
Staub-Niederschlag	mg/m²/Tag	Milligramm pro Quadratmeter und Tag	abgesetzte Schadstoffmenge pro Fläche und Zeit

Die Einheiten ppm und ppb sollen nicht mehr verwendet werden.

M

1 ppm (Gewichts-ppm) ≙ 1 mg/kg
1 ppb (Gewichts-ppb) ≙ 1 µg/kg
Fracht
mg/s = Milligramm je Sekunde
g/s = Gramm je Sekunde
kg/s = Kilogramm je Sekunde
t/s = Tonne je Sekunde
→ **Fracht, Konzentration**

Maßnahmen nach Unfällen mit wassergefährdenden Stoffen

(Alarmierung – Sofortmaßnahmen – Folgemaßnahmen – Überwachung)
Nach einem Unfall mit **wassergefährdenden Stoffen** ist sofort die Polizei zu benachrichtigen. Diese informiert dann je nach Art und Größe des Unfalls die weiteren zuständigen Stellen, z. B., Feuerwehr, Rettungsleitstelle, Wasserwirtschaftsamt. Beim Einsatz der Feuerwehr steht die Rettung von gefährdeten Menschen und Tieren an erster Stelle. Ihre Aufgabe ist aber auch das Einholen von Informationen zu den am Unfall beteiligten Stoffen, der Schutz der Gewässer durch Verminderung der weiteren Schadensausbreitung (z. B. durch Ölsperren, Einsatz von Öl- und Chemikalienbindern). Zu den Folgemaßnahmen gehört z. B. das Feststellen der Ausbreitung des wassergefährdenden Stoffes im Untergrund, der Abtransport des verunreinigten Erdreiches, die Information/Vorwarnung an Gewässernutzer wie Schiffahrt, Wasserwerke, Badebetriebe usw. Zur Feststellung und Kontrolle von Restbelastungen sind gegebenenfalls Überwachungsmaßnahmen, z. B. das Anlegen von **Grundwasser**beobachtungsstellen und die Entnahme von Wasserproben durchzuführen und der verunreinigte Boden und das Grundwasser zu sanieren.

MARPOL → Internationale Gewässerschutzübereinkommen

Mechanische Abwasserreinigung

Trennung von Schmutzstoffen aus dem **Abwasser** mit Hilfe von **Rechen, Sandfang** und **Absetzbecken** (Prinzip Sedimentation).

M

tion). Mit Hilfe der M. A. können etwa 30% der Schmutzstoffe (gemessen als **BSB$_5$**) aus dem Wasser entfernt werden (mitgeschwemmte Holzteile, Blech- und Kunststoffbehälter, Stoffreste, Sand, mineralische Stoffe, Fäkalien). Für die Reinhaltung der Gewässer ist die M. A. allein unzureichend, da suspendierte und gelöste Stoffe nicht entfernt werden.

→ **Absetzbare Stoffe**

60 000 Liter Superbenzin versickerten ins Erdreich und gefährdeten das Grundwasser, als im April 1983 zwei Kesselwagen beim Rangieren umstürzten. Der von der Feuerwehr versprühte Schaum verhinderte die Bildung eines explosiven Benzin-Luft-Gemisches. Mit entsprechenden Vorschriften versuchen Bund und Länder, solche Unfälle weitgehend auszuschließen.

M

Meeresverschmutzung

Verschmutzung der Meere durch Schiffahrt, Abfallbeseitigung auf See (Verbrennung, Verklappung, über Bord werfen, Tankreinigung), Transportunfälle (z. B. Ölverschmutzung), touristische Aktivitäten und Verschmutzungen vom Land aus (Schmutzfrachten der Flüsse, Abfallbeseitigung, Luftbelastung). Da dic Meere nur mit Hilfe internationaler Vereinbarungen geschützt werden können, arbeitet die Bundesregierung an den Programmen und Maßnahmen zur Einhaltung solcher Abkommen mit.

Es wurden bereits wichtige Ziele erreicht (für die Nordsee): Die Abfallverbrennung auf hoher See wurde 1989 von deutscher Seite eingestellt, weltweit soll bis Ende 1992 die gänzliche Einstellung der Verbrennung von giftigen flüssigen Abfällen erreicht worden sein. Die **Verklappung von Klärschlamm** in der Nordsee wurde 1983 von der Bundesrepublik eingestellt. Auch **Baggergut** wird nicht mehr auf hoher See beseitigt, sondern in interne Gewässer eingebracht oder an Land entsorgt. Die Verklappung von Industrieabfällen (Dünnsäure) wurde Ende 1989 von Deutschland eingestellt.

Die Ostsee ist seit 1983 Sondergebiet, d. h. daß für Schiffe aus aller Welt schärfste Verbote für das Einleiten von Chemikalien- oder Ölrückständen und Schiffsmüll gelten.

1988 einigten sich die Staaten des Helsinki-Abkommens darauf, die Einträge von **Schwermetallen,** organischen Halogenverbindungen sowie sauerstoffzehrenden Nährstoffen bis spätestens 1995 um die Hälfte zu reduzieren.

Dasselbe wurde bereits 1987 auf der 2. INK für die Nordsee beschlossen, die seit 1991 als Sondergebiet für Schiffsabfälle eingestuft ist.

→ **Chemikalientransporte auf See, Dünnsäureeinleitung, Hohe-See-Einbringungsgesetz, Internationale Gewässerschutzübereinkommen und Kommissionen, Ölpest, Ölunfallausschuß See/Küste, Off-shore, Seevogelsterben.**

Melioration

Regulierung der Wasserverhältnisse des Kulturbodens durch Be- und Entwässerung.

Membranverfahren

Verfahren zur Entfernung von feinsten Partikeln bis hin zu gelösten Stoffen aus **Abwasser** mittels eines auf einer Stützschicht aufgebrachten Filters.
M. erlauben eine Feinreinigung des Abwassers ohne Anwendung von Chemikalien; hierzu gehören die **Umkehrosmose,** Mikrofiltration und Ultrafiltration. Die Umkehrosmose wird u. a. bei der Behandlung von Deponiesickerwässern angewandt. Die Ultrafiltration wird vorwiegend bei der Trennung von Emulsionen (z. B. der Abtrennung von Öl aus Reinigungsbädern) eingesetzt.

→ **Sickerwasser**

Meßinstrumentarium

Für den Vollzug der Regelungen im Wasserbereich, in denen Anforderungen in Form von **Grenzwerten** festgelegt werden, ist ein gerichtsfestes M. erforderlich. Um die Einhaltung der im Wasserrechtsbescheid festgelegten Anforderungen an die Qualität von **Abwässern** bundeseinheitlich überprüfen zu können, wurden bisher (1992) 52 Abwasser-Verwaltungsvorschriften erlassen.

→ **Mindestanforderungen, Wasserhaushaltsgesetz**

Metabolismus

Eigentlich Stoffwechsel, also Umsetzung von Stoffen in den Zellen. Beim mikrobiologischen Abbau von organischen Stoffen kommt es oft zu Stoffwechselprodukten (Metaboliten), die die Umwelt wie Boden und Wasser zusätzlich zu den eingetragenen Stoffen belasten können. Diese sind nur schwer und mit hohem analytischem Aufwand zu bestimmen.

Metalle

Metalle mit einer höheren Dichte als 5 g/cm^3 (Blei, Cadmium, Chrom, Eisen, Kupfer, Mangan, Nickel, Quecksilber, Zinn, Zink) werden als **Schwermetalle** bezeichnet. Die Elemente Arsen, Antimon und Wismut weisen sowohl nichtmetallische als auch metallische Eigenschaften auf und werden als Halbmetalle bezeichnet. Metalle und Halbmetalle kommen in Süß- und Meerwasser nur in sehr geringen Konzentrationen vor. Auf-

M grund der Akkumulation liegen die natürlichen Hintergrundgehalte in Sedimenten und Organismen höher als im Wasser. Für Wasser, Sedimente, Wassermoose und Fische können für Schwermetalle und Arsen folgende Hintergrundkonzentrationen zugrundegelegt werden:

	Wasser (Gesamt) µg/l	Sedimente (< 20 µm) mg/kg TS	Wassermoose mg/kg TS	Fischmuskulatur mg/kg FG
Arsen	1	10	2	–
Blei	0,8	25	3	0,02
Cadmium	0,02	0,3	0,5	0,002
Chrom	3	80	5	0,06
Kupfer	1	20	10	0,1
Nickel	1	30	10	0,1
Quecksilber	0,01	0,2	0,05	0,1
Zink	4	100	100	1,5

FG = Frischgewicht TS = Trockensubstanz

Die regionalen Hintergrundkonzentrationen der einzelnen Metalle können aufgrund der Zusammensetzung des Grundgesteins und der Wasserbeschaffenheit (z. B. Schwebstoffgehalt, pH-Wert) in der Regel um den Faktor 2 nach oben und unten von angegebenen Werten abweichen.

Als Ergebnis von direkten Einleitungen, insbesondere der chemischen Industrie und der Metallindustrie, sowie durch diffuse Einträge sind in vielen Gewässerabschnitten die Metallkonzentrationen gegenüber dem natürlichen Hintergrund um ein vielfaches erhöht. Saure Niederschläge führen zu einer Freisetzung von Aluminium und verschiedener Schwermetalle. Einige Schwermetalle sind in geringen Mengen lebensnotwendig wie z. B. die Spurenelemente Kupfer, Mangan und Zink. Sie wirken aber in höheren Konzentrationen wie viele andere Metalle giftig auf Mensch, Tier und Pflanzen und stören biologische Prozesse in aquatischen Ökosystemen. Die Auswertung der ökotoxikologischen Daten zur längerfristigen Wirkung auf aquatische Organismen zeigt, daß für die meisten Schwermetalle die Wirkungsschwellen bei den empfindlichsten Organismen im Bereich der natürlichen Hintergrundkonzentration oder nur wenig darüberliegen. Zum Schutz der aquatischen Lebensgemeinschaften soll-

ten für Arsen und die Schwermetalle Blei, Cadmium, Chrom, Kupfer, Nickel, Quecksilber und Zink langfristig die natürlichen Hintergrundkonzentrationen angestrebt werden. Die Akkumulation von Metallen in der aquatischen Nahrungskette kann eine Gefährdung des Menschen und fischfressender Tierarten darstellen. Die Schadstoff-Höchstmengenverordnung sieht daher für das Lebensmittel Fisch für Quecksilber Höchstwerte von 0,5 und 1 mg/kg vor. Bei Blei und Cadmium hat das Bundesgesundheitsamt für Fisch Richtwerte von 0,5 bzw, 0,1 mg/kg festgelegt. Zum Schutz von fischfressenden Tierarten können im Einzelfall niedrigere Höchstwerte erforderlich sein. Die Schwermetallbelastung im **Rhein** und im Rheineinzugsgebiet ist im letzten Jahrzehnt als Ergebnis zahlreicher Vermeidungsmaßnahmen deutlich zurückgegangen. Eine hohe Belastung, insbesondere mit Quecksilber, liegt jedoch noch in der **Elbe** und im Elbeeinzugsgebiet vor. Die Schwermetallkonzentrationen deutscher Gewässer unterschreiten in der Regel die für die Trinkwasserversorgung relevanten Richt- und Grenzwerte. Problematisch sind allerdings noch die Anreicherungen von Schwermetallen in Sedimenten, so daß **Baggergut** zum Teil deponiert werden muß. Die Belastung von Schwebstoffen und Sedimenten kann zu Schwermetallkontaminationen auf Überschwemmungsflächen führen und die aquatischen Lebensgemeinschaften nachteilig beeinflussen. Die Internationale Kommission zum Schutz des Rheins hat daher im Rahmen des Aktionsprogramms „Rhein“ Zielvorgaben für Schwebstoffe festgelegt, die sich an der natürlichen Hintergrundbelastung orientieren und die den Schutz der aquatischen Lebensgemeinschaften und die Verwendung von Sedimenten sicherstellen sollen.
Zielvorgaben der IKSR für den Schwermetallgehalt in Schwebstoffen (alle Angaben in mg/kg)

Arsen	Blei	Cadmium	Chrom	Kupfer	Nickel	Quecksilber	Zink
40	100	1	100	50	50	0,5	200

→ **Abwasserabgabengesetz, Nordsee**

Metalimnion

M. ist das nicht an der Zirkulation teilnehmende Tiefenwasser eines Sees.

M

Mikrobieller Abbau → biologischer Abbau

Meßinstrumentarium
Für den Vollzug der Regelungen im Wasserbereich, in denen Anforderungen in Form von **Grenzwerten** festgelegt werden, ist ein gerichtsfestes M. erforderlich. Um die Einhaltung der im Wasserrechtsbescheid festgelegten Anforderungen an die Qualität von **Abwässern** bundeseinheitlich überprüfen zu können, wurden in die Anlage zur Allgemeinen Rahmen-Abwasser-VwV genaue Vorschriften über die Analysen- und Meßverfahren aufgenommen.
→ **Mindestanforderungen, Wasserhaushaltsgesetz**

Mikroorganismen
Mikroskopisch kleine Lebewesen wie z. B. **Bakterien, Algen,** Pilze, Urtierchen.
→ **Abbau, Abwasserreinigung, biologische Abwasserreinigung, Colibakterien, Fäulnis, Plankton**

Mikrosieb
In der Trink**wasseraufbereitung** z. B. zur Entfernung von **Plankton,** in **Kläranlagen** zur Zurückhaltung von Schwebestoffen verwendete maschinelle Siebanlage mit sehr geringer Maschenweite.
→ **Sandfilter**

Minamata-Krankheit
In Minamata (Japan) 1956 erstmals beobachtete Krankheit, die sich hauptsächlich in Störungen des Sehens, Hörens und Tastempfindens und in abnormen Bewegungen mit teilweise tödlichem Ausgang äußerte. Die Ursache der Erkrankungen lag im Verzehr methyl-quecksilber-verseuchter Fische. Eine Acetaldehyd-Fabrik hatte **quecksilber**haltige Abwässer ungeklärt in die Bucht von Minamata, dem Fischfanggebiet der Anwohner, geleitet, Über die Nahrungskette (**Plankton** – Fische – Mensch) reicherte sich das Quecksilber über längere Zeiträume im menschlichen Körper an, bis es zum Ausbruch der eigentlichen Erkrankung kam. Auch in anderen Ländern (z. B. Kanada, Schweden) wurden ähnliche Gewässerbelastungen bekannt,

konnten jedoch unter Kontrolle gebracht werden, bevor es zu nachweisbaren Vergiftungen kam.

→ **Itai-Itai-Krankheit, Organo-Quecksilber-Verbindungen**

Mindestanforderungen (MA)

Das vierte Änderungsgesetz zum **Wasserhaushaltsgesetz,** das am 1. Oktober 1976 in Kraft trat (letzte Novellierung am 23. 9. 86), schreibt in § 7a zur Verbesserung der **Gewässergüte** vor, daß die Bundesregierung mit Zustimmung des Bundesrates allgemeine Verwaltungsvorschriften über M. an das Einleiten von **Abwasser** – unabhängig von der Gewässergüte der einzelnen Gewässer – erläßt. Durch die inzwischen erlassenen Verwaltungsvorschriften wurde ein System bundeseinheitlicher Vorschriften über das Einleiten von Abwasser in ein Gewässer geschaffen. Diese Vorschriften sind von jedem Einleiter mindestens einzuhalten. Die Festlegung der M. basiert auf den allgemein anerkannten **Regeln der Technik**. Für Abwässer, die gefährliche Stoffe enthalten, ist der **Stand der Technik** maßgebend. Die Bundesländer haben das Recht und zum Teil die Pflicht, die M. zu verschärfen, sofern die Situation des Gewässers dies erfordert. Das Bundeskabinett hat bisher 52 (Stand 4. 5. 92) Verwaltungsvorschriften bzw. Anhänge zur allgemeinen Abwasser-Rahmen-Verwaltungsvorschrift über M. beschlossen. Damit wurden für den größten Teil der Abwassereinleitungen in der Bundesrepublik Deutschland M. in Verwaltungsvorschriften festgelegt.

→ **Abwasserabgabengesetz**

Mineralisation

Vollständiger **Abbau** organischer Substanzen vorwiegend durch **Mikroorganismen** zu Mineralien (**anorganischen Verbindungen**). M. ist ein theoretischer Begriff, da in der Praxis stets ein bestimmter Anteil der organischen Substanzen zum Aufbau und zur Vermehrung der **Biomasse** der abbauenden Organismen verwendet wird.

Mineralöle

Wasserunlösliche, flüssige, **organische Verbindungen** mineralischen Ursprungs. Umweltprobleme entstehen insbesondere

M

bei der Gewinnung, dem Transport, der Lagerung, der Verarbeitung, dem bestimmungsgemäßen Gebrauch der M.-Produkte, der Verbrennung (Heizöl, Kraftstoffe) aber auch bei der Beseitigung gebrauchter M. (**Altöl**). M. sind gewässerschädigend, sie gefährden sowohl die Lebensgemeinschaften in Gewässern als auch die **Trinkwasser**gewinnung.
→ **Ölabscheider, Ölbinder, Ölpest, Ölsperren, Öl-Unfallausschuß See/Küste**

Mischabwasser
Nach Anhang 22 der allgem. Rahmen-Abwasserverwaltungsvorschrift handelt es sich um Abwasser, dessen Schmutzfracht im wesentlichen aus Abwasserströmen unterschiedlicher Art und Herkunft eines Industriebetriebes stammt.

Mischsystem/Mischkanalisation → Kanalisation

Mischwasser
Im **Mischwasser** gesammeltes **Abwasser**. Es enthält **Haushaltsabwasser**, gewerbliche und **Industrieabwässer**, Fremdwasser (in die **Kanalisation** eingesickertes **Grundwasser**) und **Niederschlag**swasser.**Mündungsgebiete → Nordsee**

Mutagenität
Bezeichnet die Eigenschaft von bestimmten Chemikalien und energiereicher Strahlung, Veränderungen am Erbgut (Mutationen) hervorzurufen. Man unterscheidet Mutationen an Körperzellen, die Ursache von Krebs sein können, und Mutationen an Keimzellen, die sich auf die Nachkommen vererben.
→ **Konzerogenität, Kombinationswirkungen, Toxizität**

N

Nachklärung
Letzter Teil der aus Vorklärung (mechanische Stufe), Belebungsbecken oder Tropfkörper und Nachklärung bestehenden biologischen Abwasserreinigung. Trennung des gereinigten **Abwassers** von der am Reinigungsprozeß beteiligten biologischen Schlämme (**Blähschlamm**).

Nationalpark Wattenmeer

Das Wattenmeer ist ein Ökosystem mit sehr unterschiedlichen Lebensraumtypen und großer Bedeutung für die angrenzenden Ökosysteme. Zum Schutz und Erhalt des Wattenmeeres wurden der schleswig-holsteinische, der niedersächsische und hamburgische Nationalpark Wattenmeer geschaffen. In diesen Nationalparks sind verschiedene Zonen mit unterschiedlichen Schutzintensitäten ausgewiesen. Es bestehen einschränkende Regelungen für folgende Aktivitäten:

- Verkehr von Sportbooten und Angelsportfahrzeugen
- großflächige Sand- und Kiesgewinnung, Erschließung der Gas- und Ölvorkommen
- Besucherverkehr im Dünengürtel und auf den Salzwiesen
- Wattenjagd.

Für Fischerei, Flugverkehr sowie militärische Flugübungen bestehen bisher keine Einschränkungen. Zum Teil werden diese Aktivitäten aber freiwillig begrenzt.

→ **Nordsee, Wattenmeer**

Natriumhypochlorit → Sanitärreiniger

Naturnaher Gewässerausbau

Viele der in den vergangenen Jahrzehnten durchgeführten Gewässerbaumaßnahmen (z. B. Flußbegradigungen, Verrohrung, Uferbefestigung, Staustufen) haben zwar Vorteile für den Menschen (z. B. verbesserter Hochwasserschutz, Einsparung bei der Gewässerunterhaltung, betriebswirtschaftliche Verbesserungenb für die **Landwirtschaft**), zugleich aber auch viele negative Auswirkungen auf Ökosysteme (Verarmung der Pflanzen- und Tierwelt, Grundwasserabsenkung, Rückgang des Selbstreinigungsvermögens, der Gewässer u. a.) gebracht. Künftig wird es darauf ankommen, die negativen Auswirkungen solcher Maßnahmen zu mindern oder zu beseitigen. Zu einem N. G. gehören z. B. Flachufer mit Ausstiegsmöglichkeiten für Wassertiere, besiedlungsfreundliche Bedingungen für Wasserpflanzen, Schilfrohrbestände und Uferbewuchs mit Erlen, Eschen und Baumweiden. Mäandrierde Bäche, Mühlentäler mit unterschiedlichen Wasserströmungen, ausbuchtende Ufer, überhängende Grasnarben, ins Wasser reichende Baumwurzeln müssen künftig erhalten oder wiederhergestellt werden.

N

Neutralisation

Reaktion von Säure und Lauge unter Bildung von **Salz** und Wasser. Viele gewerbliche und industrielle **Abwässer** müssen vor Einleitung in öffentliche Abwasseranlagen oder **Vorfluter** neutralisiert werden. Saure Abwässer werden dabei mit Lauge, (z. B. Kalkmilch, Natronlauge), alkalische Abwässer mit Säure (z. B. Salz- oder Schwefelsäure) neutralisiert.

→ **Chemische Abwasserreinigung**

Niederschlag → Regenwasser, saure Niederschläge

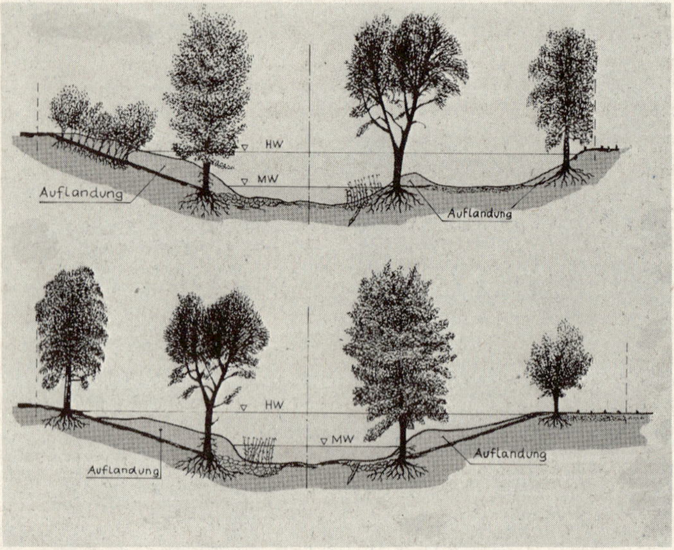

Naturnaher Gewässerbau
Vorbild für die Neugestaltung von Gewässern müssen naturnahe Querschnittsausbildungen sein. Mit dem Ausbauprofil soll ein Ausgangszustand geschaffen werden, der keine unnatürlichen Sohl- und Böschungssicherungen erforderlich macht und der auf die zukünftige Vegetationsentwicklung abgestimmt ist.
Quelle: Hess. Minister für Landesentwicklung, Umwelt, Landwirtschaft und Forsten

Nickel

Für einige Organismen ein essentielles Spurenelement wirkt N. in erhöhter Konzentration jedoch toxisch. Metallisches N. und einige Nickelverbindungen können bei Säugern eine teratogene und kanzerogene Wirkung haben.
Die durchschnittliche Konzentration von Nickel in der Erdkruste beträgt etwa 80 mg/kg.
N. wird in Legierungen und zur Oberflächenbehandlung von Metallen verwendet. Nickelverbindungen werden bei der Batterieherstellung (Nickel-Cadmium-Batterien), als Katalysatoren und als Pigmente eingesetzt.
In die Oberflächengewässer gelangt N. durch den diffusen Eintrag von Nickelemissionen aus Großfeuerungsanlagen, Müllverbrennungsanlagen und Metallhütten. Der direkte Eintrag erfolgt durch die Abwässereinleitung der Galvanikindustrie und anderer nickelverarbeitender Betriebe. N. kommt im Gewässer hauptsächlich in zweiwertiger Form sowohl gelöst, komplexiert mit anorganischen Liganden und partikulär gebunden vor. Die jeweiligen Anteile der einzelnen Fraktionen an der Gesamtkonzentration sind von den Bedingungen im Gewässer abhängig.
→ **Metalle**

Nitrate

Salze der Salpetersäure. N. gehören zu den Hauptnährstoffen im Boden (Bildung durch **Mikroorganismen**) aus dem Luftstickstoff oder aus stickstoffhaltigen **organischen** Stoffen). N. kommen u. a. in Grünpflanzen vor. Problematisch können hohe N.-Gehalte in pflanzlichen Nahrungsmitteln (z. B. Spinat) aus überdüngten Kulturen sein, da sich diese im Verdauungsbereich des menschlichen Körpers zu **Nitriten** umwandeln können und diese mit den Aminen aus eiweißhaltigen Lebensmitteln die krebsverdächtigen Nitrosamine bilden. N. finden sich auch in stickstoffhaltigen Düngemitteln. Bei unsachgemäßer Anwendung in der **Landwirtschaft** können N. mit dem Niederschlagswasser ins **Grundwasser** bzw. Oberflächengewässer gelangen und dessen N.-Belastung erhöhen.
Zuviel N. im **Trinkwasser** kann für Säuglinge wegen der teilweisen Umwandlung des N. in Nitrit im Körper gefährlich werden. Nitrit kann zu einem bei Babies bis zu einem Alter von 3 Mona-

ten Blausucht (mangelnder Sauerstoffgehalt im Blut) verursachen.

Der Grenzwert für N. im Trinkwasser beträgt in der **Trinkwasserverordnung** 50 mg/l. Da N. mit den üblichen Trinkwasseraufbereitungsmethoden kaum entfernt werden kann, ist **Rohwasser** mit einem höheren Gehalt an N. für die Trinkwasserversorgung ungeeignet.

→ **Anorganische Salze, dritte Reinigungsstufen, Düngung**

Nitrifikation

Bakterielle Umwandlung (**Oxidation**) von aus Eiweißzersetzung stammenden **Ammonium**verbindungen zu **Nitraten**. Die N. kann im Boden oder in Gewässern erfolgen. Die N. wird in der **biologischen Abwasserreinigung** durch eine genügend lange Aufenthaltszeit des Abwassers in den **Belebungsanlagen** erreicht.

→ **Denitrifikation**

Nitrite

Salze der salpetrigen Säure. N. sind giftig, denn sie behindern den Sauerstofftransport des Blutes. Beim Menschen können als Folgen Übelkeit, Magenbeschwerden und Atemnot (Blausucht) eintreten. Gefährdet sind insbesondere Säuglinge (z. B. durch Verzehr von aufgewärmtem Gemüse aus intensiv gedüngten Kulturen, da das enthaltene Nitrat bakteriell zu N. umgewandelt werden kann). N. können sich unter Umständen im Magen-Darm-Trakt des Menschen mit Aminen der Nahrung zu Nitrosaminen umwandeln. Solche Verbindungen sind stark krebsverdächtig.

→ **Düngung, Nitrifikation**

Nordsee

Nirgendwo in Mitteleuropa gibt es einen im Hinblick auf Größe und Artenvielfalt vergleichbaren natürlichen geschlossenen Lebensraum (Ökosystem) wie die N. Wie jedes andere Ökosystem besteht auch die N. aus einer Vielzahl von belebten (**Mikroorganismen**, Pflanzen, Tiere) und unbelebten (Wasser, Sand, Schlick u. a.) Elementen, die miteinander durch verschiedene Wechselbeziehungen verknüpft sind.

Die N. ist ein Reservoir hochwertiger Nahrungsmittel, sie bietet an ihren Küsten attraktive Erholungsgebiete und ist eine stark befahrene Wasserstraße des internationalen Schiffsverkehrs.
Insbesondere die Nutzungsmöglichkeiten als Nahrungsquelle und Erholungsgebiet gilt es durch Reinhaltemaßnahmen zu schützen und zu erhalten.
Eine Verschmutzung der N. erfolgt insbesondere durch Direkteinleitungen, Schmutzfrachten der Flüsse, Schadstoffbelastungen aus der Luft, Abfallbeseitigung auf See und durch den Schiffsbetrieb.
Dierekteinleitungen und Schmutzfrachten der Flüsse führen insbesondere zu einer Verschmutzung von Küsten- und Flußmündungsgebieten (**Aestuare**). Insbesondere in den Flußmündungsgebieten trägt die Stoffbelastung zur Verarmung der Pflanzen- und Tierwelt sowie zum Rückgang von Fischbeständen bei.
Schadstoffemissionen in der Luft (aus Industrieanlagen, Haushaltsheizungen, Kraftfahrzeugen) werden in den höheren Luftschichten weiträumig verteilt und gelangen auf diesem Weg auch in die N.
Die Abfallbeseitigung auf See galt bis vor einigen Jahren als ökologisch unbedenklich, was aus heutiger Sicht nicht aufrechterhalten werden kann. Die Bundesrepublik Deutschland hat seit 1990 jegliche Abfallbeseitigung in die N. eingestellt.
Der Schiffsbetrieb trägt in nicht unerheblichem Maß zur Ölverschmutzung der Nordsee bei.
Die hauptsächlichen Verschmutzungsstoffe sind **Schwermetalle, halogenierte Kohlenwasserstoffe** und Erdölkohlenwasserstoffe. Aber auch der Eintrag von Pflanzennährstoffen (**Phosphate, Nitrate)** ist problematisch, da es Anzeichen für eine Überdündung der Nordsee gibt.
Die Bekämpfung der Verschmutzung der Nordsee erfolgt auf der Grundlage einer ganzen Reihe **internationaler Übereinkommen** zum Gewässerschutz (EWG-Gewässerschutzrichtlinie, Übereinkommen von Paris, Oslo und London, MARPOL-Übereinkommen, Internationale Nordseeschutzkonferenz, Trilaterale Wattenmeerschutzkonferenz). Im Februar 1991 wurde die N. zum Sondergebiet für Schiffsabfälle im Rahmen von MARPOL erklärt (d. h. Verbot für das Überbordgeben jeglichen Schiffsabfalls.)
Die N. bedeckt eine Fläche von 575 000 km^2; ihr Gesamtvolu-

Stoffeinträge in die Nordsee 1986–1988 (in Tonnen/Jahr)

Substanz	Flußeintrag + Direkteintrag	Atmosphärischer Eintrag*)	Abfallverbrennung auf See	Klärschlamm	Baggergut	Flüssiger Industrieabfall	Feste Abfallstoffe
N	1 200 000	375 000 – 507 000	–	–	–	–	–
P	108 000	–	–	–	–	–	–
Cd	< 73	47 – 66	79	2,3	21	< 0,048	0,23
Hg	< 33	13 – 14	28	0,7	15	< 0,011	0,23
Cn	< 1 790	620 – 992	2000	91	1 028	1,0	196,1
Pb	< 990	1 900 – 2 615	2300	98	1 801	2,1	250,7
Zn	< 10 290	4 600 – 6 615	6700	323	7 923	28,6	483,3
Cr	–	205 – 281	1000	38	2 594	273, 1	19,5
Ni	–	289 – 431	1200	14	664	< 12,4	62,9
As	–	95 – 152	60	1,0	148	< 0,44	3,7
Lindan (g-HCH)	< 2,6	–	–	–	–	–	–
PCB's	< 0,6	–	–	0,1	1,34	–	–

Quelle: Zwischenbericht über den Qualitätszustand der Nordsee (1990) (3. INK)

*) die Werte für die atmosphärischen Einträge stammen von der Arbeitsgruppe ATMOS (1990) und beziehen sich auf die Jahre 1986–88

men einschließlich Skagerak beträgt ca. 47 000 km³.
Hohe-See-Einbringungsgesetz, Nationalpark Wattenmeer, Ölpest, Salzwiesen, Seevogelsterben, Wattenmeer

Normung → DIN-Normen

Nutzung der Gewässer → Gewässernutzung

Oberflächenwasser

Wasser aus oberirdischen Gewässern. O. bezeichnet auch das von befestigten Oberflächen ohne **Kanalisation** abfließende Niederschlagswasser. Dieses ist in der Regel verschmutzt. Der Verschmutzungsgrad wächst mit der Dauer der Trockenperioden, dem Grad der Luftverschmutzung (Staub, **Schwermetalle** u. a.) und der Intensität der Flächennutzung.

→ **Grundwasser**

Oder

Die O. trägt aufgrund ihrer relativ hohen Nährstoff- und Schadstoffkonzentrationen erheblich zur Verschmutzung der Ostsee bei. Zur Verringerung dieser Belastung verhandelt die Bundesrepublik Deutschland mit der Republik Polen, der Tschechischen Republik und der Europäischen Gemeinschaft über die Gründung einer Internationalen Kommission zum Schutz der O., die in Zusammenarbeit mit allen Anliegerstaaten nach Lösungen zur Reinhaltung der O. suchen soll. Außerdem wurde von der Kommission zum Schutz der Meeresumwelt der Ostsee (HELCOM) das gesamte Odereinzugsgebiet als vorrangig zu untersuchendes Gebiet eingestuft. Von der EG wird eine Studie gefördert, in der die Belastungsschwerpunkte herausgearbeitet werden. Diese liegen in den Regionen Katowice, Legnica, Lodz, Ostrava, Szczecin, Wroclaw, Poznan und Zielona Gora – mit Ausnahme von Ostrava also alle in der Republik Polen. Mit der Studie wurde ein Sanierungsprogramm aufgestellt.

→ **Elbe, Rhein**

O

Öffentliche Wasserversorgung

Nach Artikel 28 Abs. 2 des Grundgesetzes haben die Gemeinden das Recht, alle Angelegenheiten der örtlichen Gemeinschaft im Rahmen der Gesetze in eigener Verantwortung zu regeln. Hierzu gehören unter anderem die Schaffung öffentlicher Einrichtungen zur Versorgung der Bevölkerung, des Gewerbes und der Industrie mit **Trinkwasser** und **Betriebswasser**. Die Sicherstellung der Wasserversorgung ist aber auch eine landespolitische Aufgabe von hohem Rang. Denn für die Entwicklung der Lebens- und Wirtschaftsverhältnisse eines Landes ist es entscheidend, daß in allen Regionen Trink- und Betriebswasser für Haushalte, Gewerbe und Wirtschaft in ausreichender Menge und erforderlicher Güte zur Verfügung steht. Die Grundlage hierfür legen das **Wasserhaushaltsgesetz** und die Landeswassergesetze.

→ **Wassergesetze, Zuständigkeiten**

Off-shore (vor der Küste)

Kurzbezeichnung für die Erschließung von Erdöl und Erdgasvorkommen vor der Festlandküste, auf dem die Kontinente umgebenden Shelfgürtel und in größeren Binnengewässern. In O.-Regionen befinden sich etwa 37 % der weltweit nachgewiesenen Ölreserven. Gegenwärtig werden rund 600 Mio. Tonnen Erdöl aus O.-Vorkommen gefördert, das sind etwa 20 % der Welterdölförderung. In der Nordsee sind seit Ende der 50er Jahre bis 1978 etwa 1000 Suchbohrungen niedergebracht worden. Zur völligen Erschließung der Erdölvorkommen werden noch einige 1000 weitere für erforderlich gehalten. Im Jahr 1988 haben die Nordseeanliegerstaaten 500 Explorationsbohrlöcher und Förderbohrlöcher gebohrt.

Für diese Aufgabe werden neben Bohrschiffen mobile Bohrplattformen eingesetzt.

Von diesen Aktivitäten geht eine ständige Gefährdung der Meere und Flüsse aus.

Die durch Offshore-Plattformen eingeleitete Gesamtölmenge wurde 1988 auf ca. 29 700 t Gesamtölmenge geschätzt. Der größte Teil dieser Einleitungen ist auf ölkontaminiertes, durch die Bohrspülungen verunreinigtes Bohrklein zurückzuführen.

Weitere Einträge durch Offshore-Plattformen:

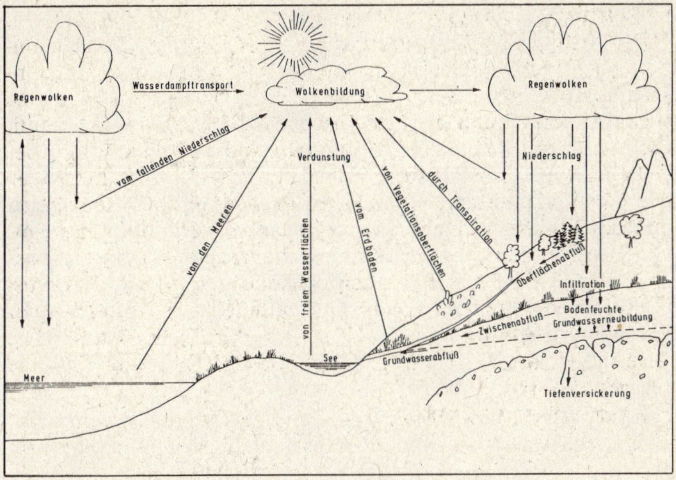

Der Kreislauf des Wassers

- Einleitung von Produktionswasser und Lagerverdrängungswasser (Zielstandard von 40 mg Öl/l Wasser)
- Unfallbedingte Ölverschmutzungen, einschließlich Abfackelungen
- Einleitung von Abwässern.

Ölemissionen haben schädliche Auswirkungen auf die Meeresumgebung, insbesondere auf die Meeresbodenflora und -fauna in unmittelbarer Nähe der einleitenden Plattformen. Eine besonders große Gefahr geht von Unfällen aus.

Bei Überholarbeiten im norwegischen Erdölfeld Ekofisk sind zum Beispiel durch einen Störfall zwischen 10 000 bis 30 000 Tonnen Öl in die Nordsee geflossen.

→ **Mineralöl, Ölpest (nach Unfällen), Ölpestbekämpfung, Ölunfall-Ausschuß See/Küste**

Ökologie

Ö. ist die Wissenschaft vom Haushalt der Natur. Neben den Wechselbeziehungen zwischen Organismen und ihrer Umwelt befaßt sie sich auch mit den Reaktionen und Entwicklungen komplexer Systeme, die viele verschiedene **Mikroorganismen**, Pflanzen und Tiere enthalten.

Ökosystem

Umfaßt einen räumlich abgrenzbaren Lebensraum (z. B. ein Fluß- oder ein Feuchtgebiet) und die ihn bewohnende Lebensgemeinschaft (z. B. Pflanzen, Tiere).
Die belebten und unbelebten Komponenten eines Ö. sind durch allseitige Wechselbeziehungen miteinander verknüpft. Ö. besitzen eine gewisse Regulationsfähigkeit (z. B. Selbstreinigungskraft der Gewässer); bei Versagen kann der Gesamtcharakter des Ö. geändert, Teile oder die Gesamtheit gestört werden (z. B. **Eutrophierung**).

Ökotop

Landschaftliche Grundeinheit, in der gleichartige Umweltbedingungen herrschen wie Bodenbeschaffenheit, Feuchtigkeit, Temperatur.

Öl → Mineralöle

Ölabscheider

Einrichtung zur Trennung von Öl-Wasser-Gemischen. Ö. arbeiten vorwiegend nach dem Schwerkraftprinzip, indem die leichteren zur Wasseroberfläche aufschwimmenden Öle zurückgehalten werden (DIN 1999). Ö. sind insbesondere bei Tankstellen und bei Kfz-Werkstätten vorgeschrieben.
→ **Mineralöle**

Ölbinder

Granulatartige oder pulverartige Stoffe, Fasermatten und andere Materialien, die geeignet sind, Öl an sich zu binden. Ö. werden bei der Entfernung von Öl aus dem Wasser, dem Erdreich oder von der Straße eingesetzt.
→ **Maßnahmen nach Unfällen mit wassergefährdenden Stoffen, Ölsperren**

Ölpest (nach Unfällen)

Verschmutzung von Gewässern durch Mineralöl und dessen

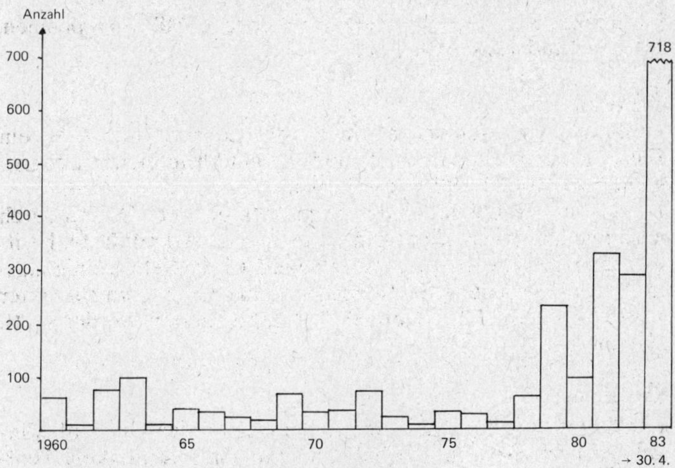

Ölpestopfer (Vögel) auf Helgoland 1960 bis 1983
Quelle: Bundesamt für Seeschiffahrt und Hydrographie

Produkte. Bei Öltankerunfällen z. B. bildet sich zunächst ein Gemisch aus Öl und Wasser. Die leichtflüchtigen Bestandteile verdunsten innerhalb weniger Tage (etwa die Hälfte der Gesamtmenge), während die schwerflüchtigen Bestandteile (hauptsächlich aromatische Kohlenwasserstoffe) teilweise noch über Monate im Gewässer verbleiben und Wasserorganismen schädigen können. Der bisher größte Tankerunfall in der Geschichte der Schiffahrt fand am 16. März 1978 vor der bretonischen Küste statt, als der liberianische Tanker Amoco Cadiz mit 223 000 Tonnen leichtem Rohöl strandete. Die Folge war ein Massensterben unter den Meerestieren (vor allem Strandkrabben, Seeigel, Muscheln, Vögel) und eine großräumige Verschmutzung der bretonischen Küste.
Ein großer Ölunfall vor den deutschen Küsten kann das **Wattenmeer** und die Küsten gravierend beeinträchtigen. Insbesondere ist das Wattenmeer bedroht, dessen Lebensräume gegenüber Ölverschmutzungen besonders empfindlich sind. Lang andau-

ernde ökologische Schäden mit Regenerationszeiten von 5–10 Jahren für Schlickwattflächen und Salzwiesen wären die Folge. Gleichzeitig wäre zu erwarten, daß der Tourismus, die Weidewirtschaft im Vorland und die Fischerei in erheblichem Maße nachteilig beeinflußt werden. Besonders betroffen sind bei Ölunfällen die Vögel, sie haben eine äußerst geringe Überlebenschance.

→ **Internationale Gewässerschutzübereinkommen und Kommissionen, Meeresverschmutzung, Ölunfallausschuß See/Küste, Off-Shore, Seevogelsterben, Tankerunfälle**

Ölpest-Bekämpfung

Ölverschmutzungen auf dem Wasser können am besten durch Eindämmen des ausgelaufenen Öls mit Hilfe von **Ölsperren** und durch Abschöpfen von der Wasseroberfläche beseitigt werden. Auf hoher See, insbesondere bei ungünstigen Wetterbedingungen, werden hier besondere Anforderungen an das Ölbekämpfungsgerät gestellt, die heute mit dem vorhandenen Gerät noch nicht vollständig erfüllt werden können.

Der Bundesminister für Forschung und Technologie fördert eine Reihe von Forschungs- und Entwicklungsprojekten zur Eingrenzung, Entfernung und Entsorgung von Ölverschmutzungen

- auf hoher See
- im Wattenbereich
- an den Stränden.

Dafür wurden bisher etwa 40 Mio DM bereitgestellt.

Auf der Grundlage eines vom **Ölunfallausschuß See/Küste** entwickelten Konzeptes wurden bis Ende 1985 Fahrzeuge und Geräte zur Bekämpfung von Ölverschmutzungen mit einem Finanzvolumen von 100 Mio DM angeschafft (Von 1986 bis 1989 wurden in einem Nachfolgeprogramm etwa 60 Mio DM bereitgestellt).

Hierzu gehören:

- Um- bzw. Neubau von zwei Trägerschiffen als Mehrzweckfahrzeuge für den Hochseebereich
- Ausrüstung eines Großraum-Saugbaggers mit Ölabschöpfgeräten
- Um- bzw. Neubau von mehreren Fahrzeugen für den küstennahen Einsatz

- Beschaffung von Systemen für die Ölerkennung und die Einsatzkoordinierung von Ölbekämpfungsschiffen aus der Luft

Ölsperren
Gerätschaft zur Eingrenzung von Ölverschmutzungen auf der Wasseroberfläche. Durch Ö. kann ausgelaufenes Öl am Abtreiben oder Ausbreiten auf der Wasseroberfläche gehindert werden. Ö. lassen sich nur bei geringem Seegang/Fließgeschwindigkeit einsetzen.
→ **Ölbinder**

Ölunfallausschuß See/Küste (ÖSK)
Durch Bund/Länder-Verwaltungsabkommen eingerichtetes Gremium, dessen Aufgabe es ist, Gefahren durch Ölverschmutzungen rechtzeitig zu erkennen und durch techn. sowie administrative Maßnahmen zu verhindern.
→ **Meeresverschmutzung, Ölpest, Tankerunfälle**

OILPOL → Internationale Gewässerschutzübereinkommen

Oligotroph(es Gewässer)
Nährstoffarmes Gewässer.

On-site/off-site-Sanierung
Begriff aus der **Altlasten**-Sanierung. Dabei wird Boden ausgehoben oder **Grundwasser** abgepumpt und anschließend gereinigt.

Organisation des Gewässerschutzes → Zuständigkeiten

Organische Verbindungen
Chemische Verbindungen mit einem Kohlenstoffgrundgerüst (z. B. Eiweiß, Fette, Kohlehydrate, Alkohole aber auch **halogenierte Kohlenwasserstoffe**). Die O. V. stellen zahlenmäßig den weitaus größten Teil der chemischen Verbindungen dar (Gegensatz: **anorganische Verbindungen**). Vor allem die **schwer abbau-**

baren organischen Stoffe erschweren die Aufbereitung von Trinkwasser. Hohe Konzentrationen von **Ligninsulfonsäuren** z. B. blockieren die **Aktivkohlefilter** bei der Trinkwasseraufbereitung. Organische Chlorverbindungen (halogenierte Kohlenwasserstoffe), zu denen auch viele **Pestizide** gehören, werden in Gewässern kaum abgebaut und können daher ein Problem für die **Trinkwasser**versorgung darstellen. Bei der **Chlorung** des **Rohwassers** können aus organischen Substanzen gesundheitlich bedenkliche Verbindungen entstehen.

Organo-Quecksilber-Verbindungen

Organische Verbindungen des **Quecksilbers**. Sie gelangen mit **Industrieabwässern** in die Umwelt. Sie sind im allgemeinen erheblich giftiger als anorganische Quecksilberverbindungen. **Mikroorganismen** können in Gewässern anorganische Quecksilberverbindungen zu organischen umwandeln, die von Fischen aufgenommen werden. Durch den Verzehr solcher Fische kann auch der Mensch geschädigt werden. Vergiftungen mit O. Q. V. äußern sich insbesondere in Störungen des Zentralnervensystems, geistiger Verwirrung, Bewegungsstörungen etc.

→ **Minamata-Krankheit**

Oslo-Übereinkommen → Internationale Gewässerschutzübereinkommen

Ostsee

Die O. ist ein flaches Binnenmeer mit einer Fläche von 415 000 km^2 (einschließlich Kattegat) und einem Gesamtvolumen von 22 000 km^3. Die mittlere Tiefe beträgt 55 Meter; die tiefste Stelle bildet das Landsort-Tief (nordwestlich von Gotland) mit 459 Metern.

Die O. ist eine der größten **Brackwasser**meere, mit engen, flachen Verbindungswegen zur **Nordsee** (Kleiner Belt, Großer Belt, Öresund), die den Wasseraustausch mit dem offenen Ozean stark einschränken. Während sich der gesamte Wasserinhalt der Nordsee durchschnittlich innerhalb von 3 Jahren erneuert, dauert der Austausch des O.-Wassers 20 bis 40 Jahre. Verglichen mit anderen Lebensräumen wie der Nordsee ist die O. aufgrund der Brackwassersituation eher artenarm.

Die kaskadenartige Beckenstruktur (Beltsee, Arkonasee, Bornholmsee sowie die östliche und westliche Gotland-See) erschwert den horizontalen Austausch des Tiefenwassers. Hinzu kommt eine vertikale Dichteschichtung, die das salzreiche Tiefenwasser der Becken weitgehend vom salzarmen Oberflächenwasser isoliert.
Daher ist die **Selbstreinigung**skraft des Ökosystems O. sehr beschränkt; sie ist durch anthropogene Belastungen deutlich stärker gefährdet als die Nordsee. Ein wesentliches Problem sind die erhöhten Nährstoffkonzentrationen, die sich im winterlich durchmischten Oberflächenwasser der ehemals nährstoffarmen, **oligotrophen** O. von 1970 bis 1980 verdreifacht haben und zu **Eutrophierung**serscheinungen führen. Dieser Anstieg ist z. T. naturbedingt, wird aber hauptsächlich durch Abwässer und intensive landwirtschaftliche Nutzung hervorgerufen. Abhilfe schaffen die bei schweren Winterstürmen auftretenden Salzwassereinbrüche aus der Nordsee, die sauerstoffreich sind.
Die **Schwermetall**gehalte sind in der zentralen O. im Vergleich zum Nordostatlantik kaum erhöht, regional treten allerdings deutliche Konzentrationszunahmen auf, besonders im Mündungsgebiet größerer Flüsse. Weitere Belastungen bilden halogenierte Kohlenwasserstoffe (DDT, PCB, HCH) und Erdölbestandteile.
Zur Bekämpfung der Verunreinigungen haben die O.-Anliegerstaaten 1974 ein „Übereinkommen zum Schutz der Meeresumwelt des Ostseegebietes“ (Helsinki-Übereinkommen) beschlossen. 1983 wurde die O. zum weltweit anerkannten Sondergebiet erklärt. Damit gelten schärfste Verbote für das Einleiten von Chemikalien- oder Ölrückständen und Schiffsmüll. 1988 stellten die Staaten des Helsinki-Abkommens eine Liste von Schwermetallen, organischen Halogenverbindungen und sauerstoffzehrenden Nährstoffen auf, deren Einträge bis 1995 um die Hälfte zu reduzieren sind. Dies soll u. a. durch den Ausbau von **Kläranlagen** (2. und 3. Reinigungsstufe) und Modernisierung von Industriebetrieben (Emissionsminderung) erreicht werden.
Die Ziele der Helsinki-Kommission werden national durch das 1991 aufgestellte „Deutsche Sanierungsprogramm zum Schutz der O.“ umgesetzt.

O

Oxidation

Abgabe von Elektronen eines Stoffes (Element oder Verbindung) an ein anderes System. Die weitaus häufigste O. ist die langsame, schnelle oder auch explosionsartig verlaufende Vereinigung von Sauerstoff mit anderen Elementen oder Verbindungen.

→ **Abbau, Abwasserverbrennung, Kaliumpermanganat, Reduktion**

Oxidationsgraben

Abwasserreinigung in einem ringförmigen Graben. Das Abwasser wird meist mit Bürsten, Walzen oder Kreiseln belüftet und umgewälzt, wobei der für die **biologische Abwasserreinigung** notwendige Sauerstoff eingebracht wird.

Oxidationsteich

Künstlich belüfteter oder unbelüfteter weiträumig flacher **Abwasser**teich zur mechanisch-**biologischen Abwasserreinigung**. In O. können bei entsprechend großer Verweildauer auch merkliche Anteile von in Abwässern enthaltenen, schwer oder schwerer abbaubaren Stoffen abgebaut werden.

Oxidierbarkeit → biochemischer Sauerstoffbedarf, chemischer Sauerstoffbedarf, Kaliumpermanganat-Verbrauch

Ozon

In höheren Konzentrationen stark riechendes Gas. O. entsteht auf natürlichem Weg überwiegend durch Einwirkung ultravioletter Strahlung auf den Luftsauerstoff in der Ozonsphäre (20 bis 35 km über der Erdoberfläche) und gelangt durch atmosphärische Transportvorgänge in erdnahe Schichten. O. kann auch unter der Einwirkung ultravioletter Sonnenstrahlung in verunreinigter Luft aus Stickoxiden und verschiedenen organischen Stoffen entstehen. Sehr geringe Konzentrationen von O. gelten als unschädlich, höhere Konzentrationen führen beim Menschen u. a. zu Augenreizungen und Atembeschwerden. Niedere Lebewesen werden durch O. abgetötet. O. wird in der Trink**wasseraufbereitung** zur **Oxidation** organischer Stoffe aufgrund seiner starken Oxidationskraft eingesetzt. O. ist sehr unbeständig und verliert deshalb im Wasser schnell seine Desinfektionswirkung. Deshalb wird zur Desinfektion des Trinkwasserleitungsnetzes die **Chlorung** bevorzugt. Bei hohen Salzgehalten und organischen Verbindungen im Rohwasser können bei der Ozonung **halogenierte Kohlenwasserstoffe** entstehen.

PCB → polychlorierte Biphenyle

Periphyton
Pflanzlicher Aufwuchs auf Steinen, Pflanzen u. a. Substraten. Überwiegend Algen, auch Bakterien und Pilze.

Persistenz
Widerstand, den Stoffe ihrem Abbau entgegensetzen. Der Ausdruck „persistente Stoffe" wird häufig für **schwer abbaubare Stoffe** verwendet. Stoffe von hoher P. sind z. B. viele organische **Chlor**verbidnungen (u. a. **polychlorierte Biphenyle**), die in der natürlichen Umwelt nur sehr schwer zu ungiftigen **anorganischen** Stoffen (z. B. Kohlendioxid, Wasser) umgewandelt werden. Aufgrund ihrer großen Stabilität können persistente Stoffe (und deren Um- und Abbauprodukte) über die Nahrungskette in die Organismen gelangen und diese schädigen. Die P. kann mit der **Halbwertzeit** quantifiziert werden.
→ **Abbau, chlorierte Kohlenwasserstoffe, halogenierte Kohlenwasserstoffe**

Pestizide
Sammelbezeichnung für Stoffe, die zur Bekämpfung pflanzlicher oder tierischer Schädlinge verwendet werden. Als biologisch sehr aktive Substanzen können sie u. a. bei unsachgemäßer Anwendung auch anderen Lebewesen (einschließlich dem Menschen) gefährlich werden.

Pflanzenschutzmittel
Stoffe, die dazu bestimmt sind, Pflanzen und Pflanzenerzeugnisse wie z. B. Früchte und Samen vor Schadorganismen (Tiere, Pflanzen, **Mikroorganismen**) zu schützen oder die Lebensvorgänge von Pflanzen zu beeinflussen (Wachstumsregler) ohne ihrer Ernährung zu dienen. Als Pflanzenschutzmittel im Sinne

des Pflanzenschutzmittelgesetzes gelten auch Stoffe, die dazu bestimmt sind, Flächen von Pflanzenwuchs freizumachen oder freizuhalten.
Die Prüfung, Zulassung und Anwendung von P. werden durch das Pflanzenschutzmittelgesetz geregelt. Im Zuge des Zulassungsverfahrens befindet das Bundesgesundheitsamt über die mögliche Gefährdung von Mensch und Tier und das Umweltbundesamt über die mögliche Belastung des Wassers und der Luft durch das P. bzw. dessen Abfälle. Die Biologische Bundesanstalt erteilt im Einvernehmen mit diesen beiden Behörden die Zulassung, wenn bei sachgerechter Anwendung keine Schäden für die Gesundheit von Mensch und Tier sowie keine schädlichen Auswirkungen auf das Grundwasser und den Naturhaushalt zu erwarten sind.
P. dürfen nicht ins Grund- und Trinkwasser gelangen. Seit 1989 gelten für Trinkwasser der Grenzwert von 0,1 µg/l pro P.-Wirkstoff bzw. von 0,5 µg/l als Summe der P.

Pflanzenkläranlagen

P. unterscheiden sich von technischen **Kläranlagen** dadurch, daß in ihnen das Abwasser ohne künstliche Belüftung (d. h. Sauerstoffzufuhr) durch eine Bodenpassage gereinigt werden soll. Während der Passage des **Abwassers** durch von Schilf durchwurzelten Boden oder durch mit Schilf/Binsen bepflanzten Kies/Sandschichten wird das Abwasser sowohl mechanisch gefiltert als auch durch die in den Filterschichten vorhandenen **Mikroorganismen** gereinigt. Dabei wird je nach Bauart das Abwasser horizontal oder vertikal geführt. Gemeinsames Kennzeichen der P. ist die Bepflanzung mit Sumpfpflanzen (Schilf/Binsen u. a.), denen ein aktiver Beitrag zur Reinigung des Abwassers zugeschrieben wird. P. werden überwiegend als Versuchsanlagen gebaut, da ihre Reinigungsleistung unter Abwasserfachleuten umstritten ist.

→ **Mindestanforderungen**

Phenole

Chemische Gruppenbezeichnung für aromatische Hydroxy-Verbindungen des Benzols. P. werden in der Hauptsache aus Steinkohlenteer gewonnen. P. finden sich in großer Menge in den

Abwässern von Kokereien, Gasanstalten und Teerdestillations- und Holzkohleanlagen, Textilverarbeitungsanlagen, Raffinerien und der Pharmaindustrie. P. sind stark gewässerschädigend (giftig für Wassertiere und Pflanzen) und beeinträchtigen schon in geringen Konzentrationen den Geschmack von Wasser und Fischen. P. müssen deshalb aus dem **Abwasser** sehr weitgehend entfernt werden.

Phosphate

Salze der Phosphorsäure. Kommen als Naturprodukte (Phosphatmineralien) an vielen Orten der Erde vor (Abbau vor allem in den USA und Gebieten der ehemaligen UdSSR). P. sind wichtige Nährstoffe für Mensch (Kalziumkarbonat in den Knochen), Tier und Pflanzen. Große Mengen von P. werden mit den **kommunalen Abwässern** und durch die **Landwirtschaft** (Düngemittelverluste) in die Gewässer eingetragen. Der aus **Wasch- und Reinigungsmitteln** stammende Anteil an P. im kommunalen Abwasser ist sehr gering, da in Waschmitteln des deutschen Marktes seit 1986 keine P. mehr verwendet werden. In Reinigungsmitteln werden P., wenn überhaupt, nur in geringen Prozentteilen eingesetzt. P. spielen bei der **Eutrophierung** der Gewässer eine besondere Rolle.

→ **Anorganische Salze, dritte Reinigungsstufe, Düngung, Fällung**

Phosphatersatzstoffe

Stoffe, die geeignet sind, die Aufgaben des **Phosphats** in **Wasch- und Reinigungsmitteln** teilweise oder gänzlich zu übernehmen, ohne die gleiche wasserschädigende Wirkung zu haben. Durch die Verwendung der neuen Buildersysteme auf der Basis von Zeolith, Polycarbocylat, Soda und Citrat in Verbindung mit dem optimierten Einsatz der übrigen Waschwirksubstanzen ist es grundsätzlich möglich, phosphatfreie Produkte herzustellen, die selbst unter schwierigen Waschbedingungen (hohe Wasserhärte, Kochwaschtemperaturen) zu guten Ergebnissen führen. Ein P. allein kann die verschiedenen Funktionen des Phosphats in Wasch- und Reinigungsmitteln nicht übernehmen. Alle potentiellen P. sind in umfangreichen Untersuchungsprogrammen durch erhebliche Förderung mit Mitteln aus dem öffentlichen und industriellen Bereich auf ihre Umweltrelevanz erforscht worden. NTA wird gegenwärtig in Waschmitteln nicht eingesetzt, die Verwendung von Polycaboxylaten wird toleriert, wenn auch mangels selektiver Analyseverfahren und der Anreicherung dieser Substanz im Klärschlamm gegenüber einem immerwährenden Einsatz Vorbehalte gemacht werden müssen. Nach dem heutigen Kenntnisstand wirken diese Stoffe in den geschätzten Abwasser- und Flußwasserkonzentrationen nicht ökologisch nachteilig und sind nicht als gefährlich einzuschätzen.

Für Zeolithe als P. haben die umfassenden Untersuchungen keine ungünstigen Beeinflussungen der Umwelt ergeben.

Phosphatelimination

Im wesentlichen basiert die P. auf Fällungsbehandlung oder der biologischen Phosphatentfernung aus dem **Abwasser**. Die Phosphate werden z. B. mit Aluminiumsulfat, Eisen(III)-Chlorid oder Kalk gefällt. Die P. kann gleichzeitig mit der biologischen Abwasserreinigung in Belebungsanlagen (sog. Simultanfällung), als Vorfällung in der Vorklärung oder in besonderen Fällungs- und Nachklärbecken (**dritte Reinigungsstufe**) durchgeführt werden. Grundlage der biologischen P. ist die Fähigkeit bestimmter Bakterienstämme, über das Zellwachstum notwendige Maß hinaus Phosphor aufzunehmen und in Form von Polyphosphaten zu speichern. Die Bakterien nehmen dann vermehrt Phosphor auf, wenn sie einem schnellen Wechsel von **anaeroben** und **aeroben** Zuständen ausgesetzt werden.

→ **Fällung/Fällungsbehandlung des Abwassers**

Phosphathöchstmengenverordnung

Aufgrund der P. wurde der Eintrag der **Phosphate** aus **Waschmitteln** in das **Abwasser** in zwei Stufen bis zum 01. Januar 1984 auf ungefähr die Hälfte des Ausgangswertes vermindert. Die am 04. 06. 1980 erlassene Verordnung (BGBl. 1980 I, S. 646) war erforderlich geworden, da Phosphate aus **Wasch- und Reinigungsmitteln** in stehenden und langsam fließenden Gewässern die **Eutrophierung** begünstigen und dadurch Gewässer schädigen können.

Phosphor wurde in den Katalog der Schadstoffe des Abwasserabgabengesetzes v. 06. 11. 1990 übernommen.

 → **Wasch- und Reinigungsmittelgesetz**

Photoabbau

Abbau von Stoffen durch Lichteinwirkung. Dieser kann direkt durch Absorption der Strahlung und darauf folgenden Zerfall der Stoffe oder aber auch indirekt durch chemische Reaktionen der Stoffe mit photochemisch gebildeten reaktiven Teilchen erfolgen.

Photosynthese

Überwiegend an grüne Pflanzen gebundener komplizierter biochemischer Prozeß, bei dem Licht in chemische Energie umgewandelt wird und so aus Kohlendioxid und Wasser über viele Zwischenstufen letztlich energiereiche Zucker (Glukose) unter Freisetzung von Sauerstoff entstehen. Die durch P. gewonnene organische Substanz ist für die meisten Lebewesen Hauptnahrungsbestandteil. Damit ist die P. Voraussetzung für die Existenz des Lebens.

pH-Wert

Maß für die Wasserstoffionenkonzentration und damit für die Säurekonzentration in wäßrigen Lösungen (eine Säure ist laut Definition ein Stoff, der in wäßriger Lösung Wasserstoffionen zu bilden vermag). Der pH-Wert ist der negative dekadische Logarithmus der Wasserstoffionenkonzentration, die als mol H^+/l (identisch H^+/l) berechnet wird. Je kleiner der pH-Wert, um so saurer ist die Lösung.

Beispiel: Wasser mit einer Wasserstoffionenkonzentration von 10^{-4} mol/l bzw. 10^{-4} g/l) hat den pH-Wert 4; mit einer Wasserstoffionenkonzentration von 10^{-5} mol/l hat das Wasser den pH-Wert 5.

Reines Wasser hat den pH-Wert 7 (Neutralpunkt); bei höheren pH-Werten zeigt das Wasser basisches (Lauge) Verhalten. Die pH-Wert-Skala reicht von 0–14. Die Schadwirkung vieler Stoffe ist vielfach abhängig von ihrem pH-Wert.

Phytoplanktontoxine

Bei massenhafter Entwicklung bestimmter Algenarten gewinnen P., die zu Vergiftungserscheinungen bei Mensch und Tier führen können, an Bedeutung. Werden solche Gewässer für die Trinkwassergewinnung genutzt, können durchfallartige Erkrankungen auftreten, als Badegewässer führen sie zu Haut- und Schleimhautreizungen.

Pipeline

Fernleitung für flüssige oder gasförmige Produkte. Wegen der von solchen Leitungsanlagen ausgehenden Gefährdungen für die Gewässer wurde im **Wasserhaushaltsgesetz** eine behördliche Genehmigung für die Errichtung und den Betrieb solcher Rohrleitungsanlagen vorgeschrieben.

→ **Lagerung und Transport wassergefährdender Stoffe**

Plankton

Gesamtheit der im Wasser schwebenden ein- oder mehrzelligen tierischen (Zoo-P.) und pflanzlichen Organismen (Phyto-p.).

Plantarwarzen

P. werden durch ein Papillomavirus verursacht. Die Infektion wird nicht über das Badewasser übertragen, sondern geht von kontaminierten Fußböden aus, von wo aus das Virus über kleine Verletzungen der aufgeweichten Hornhaut in die Fußsohlen eindringt.

→ **Krankheitserreger**

Planungsinstrumente (wasserwirtschaftliche P.)

Das **Wasserhaushaltsgesetz** (WHG) verpflichtet die für die Belange der Wasserwirtschaft zuständigen Landes- und Kommunalbehörden zu einer vorausschauenden Planung. P.-Instrumente sind insbesondere: „**Wasserwirtschaftliche Rahmenpläne**" (§ 36 WHG), „Bewirtschaftspläne" (§ 36 b WHG) und „Abwasserbeseitigungspläne" (§ 18 a Abs. 3 WHG).

Plasmide

Bakterien können außer ihrem Kernäquivalent (Chromosomen) weitere extrachromosomale genetische Elemente, die als P. bezeichnet werden, besitzen. Diese verleihen dadurch den Bakterien zustäzliche Eigenschaften, wie Resistenz gegenüber Chemotherapeutika oder Exotoxinbildung. P. können im Gewässer autonom auf apathogene Bakterien übertragen werden, die dadurch zu **Krankheitserregern** werden und z. B. scheinbar ungeklärte Durchfallerkrankungen auslösen können. Durchfallerkrankungen dieser Art werden auch als „Travellers"-(Reise-) Krankheit bezeichnet. Die Klärung des Kausalzusammenhanges ist schwierig, weil der Plasmidnachweis nicht zur wasserhygienischen Routineuntersuchung gehört.

Polychlorierte Biphenyle (PCB)

PCB's werden aufgrund ihrer Eigenschaften (unbrennbar, thermisch stabil, zähflüssig, hoher Siedepunkt) u. a. als Kühlmittel, Hydraulikflüssigkeit und Transformatorenöl verwendet. PCB's werden aufgrund ihrer hohen Stabilität in der Umwelt nur sehr langsam abgebaut und können sich, ähnlich wie DDT, über die Nahrungskette in aquatischen Organismen anreichern. Bei Aufnahme oder Anreicherung größerer Mengen können Leber-, Milz- und Nierenschäden entstehen. PCB-Rückstände lassen sich heute weltweit nachweisen, u. a. auch in hohem Maße in der Muttermilch.

Produktion und Verbrauch von PCB's sind in vielen Ländern bereits Beschränkungen unterworfen, in der Bundesrepublik Deutschland dürfen nach einer Verordnung zum Bundes-Immissionsschutzgesetz PCB's nur noch in geschlossenen Systemen (z. B. Transformatoren) verwendet werden. Bei PCB werden krebserzeugende Wirkungen vermutet (vgl. MAK-Werte-Liste III B).

→ **Halogenierte Kohlenwasserstoffe**

ppb/ppm → Maßeinheiten

Primärabbau

Aussage über die Leichtigkeit, mit der eine **Organische Vebindung** einen ersten Abbauschritt einzugehen in der Lage ist. Bei diesem P. verliert die Verbindung ihre chemische Identität. Bei **Tensiden** wird der P. dem Verlust der grenzflächenaktiven Eigenschaft gleichgesetzt. Entsprechend der **Tensidverordnung** müssen anionische und nichtionische **Tenside** in **Wasch- und Reinigungsmitteln** einen P. von mindestens 80 % haben.

P

Protozoen
Tierische Einzeller, die zu den höher entwickelten Einzellern gezählt werden (Eukaryonten).

Q

Qualitätsziele
Qualitätsziele sind konkrete, meist zahlenmäßig festgelegte Konzentrationsangaben, die z. B. einen anzustrebenden Gewässergütezustand im Hinblick auf die vorgegebenen **Schutzgüter** konkretisieren. Sie werden im Sinne von Grenzwerten oder Richtwerten gebraucht.

→ **Richtlinien**

Quecksilber
Silberglänzendes flüssiges **Schwermetall**. Q. ist leichtflüchtig und verdampft bereits bei Zimmertemperatur. Es wird verwendet in der chemischen Industrie, für Laborchemikalien, Q.-Batterien (u. a. für „Knopfzellen"), Thermometer und andere Meßgeräte und Leuchtstoffröhren. Die insgesamt verwendete Menge liegt bei etwa 250 t pro Jahr in der Bundesrepublik Deutschland.
Q. gelangt in die Umwelt durch natürliche und durch den Menschen verursachte Prozesse (u. a. vulkanische Aktivitäten, Verbrennung von Kohle, Heizöl und Müll, Verhüttung, industrieller Verbrauch). Aus anorganischen Q.-Verbindungen kann in verunreinigten Gewässern durch **Mikroorganismen** das giftigere Methyl-Q. gebildet werden. Organische Q.-Verbindungen werden in Wasserorganismen (z. B. Fischen) angereichert und gelangen auf diese Weise in die menschliche Nahrung. Fischfressende Vogel- und Säugetierarten können dadurch in besonderem Maße gefährdet sein. Das Einleiten Q.-haltiger Abwässer ist nach dem **Abwasserabgabengesetz** abgabepflichtig. Anorganische und organische Q.-Verbindungen können vom Menschen mit der Nahrung aufgenommen werden und sich im Körper anreichern. Vergiftungen äußern sich in Nerven- und Nierenschäden.

→ **Minamata-Krankheit, Organo-Quecksilber-Verbindungen**

Quellwasser
Entstammt einem örtlich begrenzten, natürlichen **Grundwasseraustritt**. Q. kann mikrobiologisch einwandfrei sein, wenn es aus gut filtrierenden Schichten kommt.

Rat von Sachverständigen → Sachverständigenrat

Rauchgaswäsche
Verfahren zur Reduzierung umweltschädlicher Stoffe (hauptsächlich **Chlor**-, Stickstoff- und Schwefelverbindungen) im Rauchgas von Kraftwerken und anderen Großfeuerungsanlagen. Bei der R. fallen große Mengen von Waschwasser an, die aufgrund des hohen Schadstoffgehaltes einer weiteren Behandlung in **Kläranlagen** oder Eindampfanlagen unterzogen werden müssen. Eindampfanlagen garantieren einen abwasserlosen Betrieb, die anfallenden Rückstände sind trocken, dürfen aber aufgrund ihrer Wasserlöslichkeit nur auf besonders dafür geeigneten Deponien untergebracht werden. Häufig können die Rückstände weiterverwendet werden (z. B. Herstellung von Gips).

Rechen
Maschinelle Einrichtung zum Zurückhalten von Grobstoffen durch parallel angebrachte Stäbe in **Kläranlagen**. Man unterscheidet Feinrechen (Stababstand 15–40 mm) und Grobrechen (Stababstand über 40 mm).
→ **Mechanische Abwasserreinigung**

Redoxpotential
Indikator zur Bestimmung des biologischen **Selbstreinigungs**vermögens von Gewässern.

Reduktion
Aufnahme von Elektronen durch Atome oder Moleküle. In der Praxis wird die R. häufig mit Sauerstoffwegnahme oder Wasserstoffeinführung in eine Verbindung gleichgesetzt, da diese chemischen Vorgänge die häufigsten Fälle der R. sind. Die R. ist immer mit der **Oxidation** des elektronenabgebenden Systems verbunden.

Regeln der Technik (Allgemein anerkannte Regeln der Technik)
Regeln, die in der praktischen Anwendung ausgereift sind und anerkanntes Gedankengut der auf dem betreffenden Fachgebiet

tätigen Personen geworden sind. Kurz: die herrschende Auffassung unter den technischen Praktikern. Das Einleiten von Abwasser muß nach dem **Wasserhaushaltsgesetz** grundsätzlich nach den allgemein anerkannten Regeln der Technik erfolgen, es sei denn es handelt sich um Abwässer mit gefährlichen Stoffen. Diese sind nach dem strengeren **Stand der Technik** zu reinigen.
→ **Mindestanforderungen**

Regenentlastungsanlagen

Bauwerke (Regenüberläufe, -rückhaltebecken, Kanalstauräume) zur Speicherung von **Regenwasser** und damit Entlastung von **Mischwasser**kanälen, um nach Ende eines Starkregens das gespeicherte Mischabwasser einer **Kläranlage** zuzuführen.

Regenerationsfähigkeit

Fähigkeit von Organismen, verlorengegangene oder zerstörte Teile zu ersetzen bzw. Fähigkeit von **Ökosystemen** zur Erhaltung stabiler Verhältnisse (z. B. **Selbstreinigung** der Gewässer).

Regenklärbecken

Bauwerk zur Rückhaltung von **absetzbaren Stoffen** im Regenwasser.

Regenwasser

Niederschläge nehmen nicht nur Verunreinigungen aus der Luft (**Saure Niederschläge**), sondern auch von Oberflächen (z. B. Gebäuden, Fahrzeugen, Straßen, landwirtschaftlichen Flächen) auf und leiten diese in die **Vorfluter** oder ins **Grundwasser**. Der R.-Verschmutzung und den dadurch verursachten Umweltbelastungen wurde lange Zeit nur wenig Aufmerksamkeit geschenkt. Inzwischen hat sich die Erkenntnis durchgesetzt, daß hierdurch z. T. erhebliche Schmutz**fracht**en in die Gewässer gelangen, die nur durch Regenwasserbehandlungsanlagen zurückgehalten werden können.
 → **Kanalisation, Regenklärbecken**

R

Reinhalteordnungen

R. (§ 27 **Wasserhaushaltsgesetz** – WHG –) gehören zu den Planungsinstrumentarien des WHG. Nach § 27 WHG können die Landesregierungen oder die von ihnen bestimmten Stellen durch Rechtsverordnung für oberirdische Gewässer oder Gewässerteile aus Gründen des Wohls der Allgemeinheit R. erlassen. R. können insbesondere vorschreiben, daß bestimmte Stoffe nicht zugeführt werden dürfen bzw. bestimmten **Mindestanforderungen** genügen müssen. Darüber hinaus kann vorgeschrieben werden, welche sonstigen Einwirkungen abzuwehren sind, durch die die Beschaffenheit des Wassers nachteilig beeinflußt werden kann. R. bauen auf den Festlegungen der **wasserwirtschaftlichen Rahmenpläne** (§ 36 WHG) und der Raumordnung auf. Der Erlaß von R. dient der Durchsetzung von **Bewirtschaftungsplänen** (§ 36b Abs. 5 WHG). R. besitzen als Vollzugsinstrumente unmittelbare Außenwirkung. Ihr Erlaß liegt im Ermessen der Länder.

Resorption

Bezeichnet die Fähigkeit von Organismen, einen Stoff aufzunehmen (zu „resorbieren"). Aufgrund guter Fettlöslichkeit sind z. B. die meisten organischen Chlorverbindungen (z. B. **polychlorierte Biphenyle**) gut „resorbierbar". Diese Verbindungen können sowohl von Pflanzen (in Ölen und Wachsen), Tieren, als auch von Menschen (im Fettgewebe) „resorbiert" werden.
→ **Chlorierte Kohlenwasserstoffe, Persistenz**

Retardierung

Durch **Adsorption** verringerte Transportgeschwindigkeit von Fluiden im Untergrund.

Rhein

Größter deutscher Fluß, der neben einer Vielzahl von natürlichen Funktionen auch der **Trinkwasser**versorgung, der Wasserversorgung für die Industrie, der Bewässerung, der Schiffahrt und als Aufnahmegewässer (**Vorfluter**) für häusliches und industrielles Abwasser dient. Zahlreiche nationale und internationale Bemühungen zielen seit Jahren darauf ab, die Güte des R.-Wassers zu verbessern. Hierzu gehören u. a. das Übereinkom-

men zum Schutz des R. gegen chemische Verunreinigungen (seit 01. 02. 1979) und das Übereinkommen zum Schutz des Rheins gegen Verunreinigung durch Chloride vom 03. 12. 1976 (Chloridabkommen). Diese Übereinkommen sind das Arbeitsergebnis der Internationalen Kommission zum Schutz des R. gegen Verunreinigungen (IKSR), in der alle R.-Anliegerstaaten vertreten sind. Die Bundesrepublik Deutschland als Hauptanlieger des R. hat in der Vergangenheit erhebliche Anstrengungen zu seiner Reinhaltung unternommen.
Entscheidende Verbesserungen am R. sind durch den Bau zahlreicher biologischer **Kläranlagen** im kommunalen Bereich sowie durch intensive Abwasserbehandlung und ergänzende innerbetriebliche Maßnahmen bei vielen Industriebetrieben erreicht worden. Dadurch konnte nicht nur eine weitgehende Verringerung der organischen Belastung und eine Verbesserung des Sauerstoffhaushalts, sondern auch bereits eine deutliche Abnahme bei einer Reihe von problematischen Stoffen, z. B. bei **Schwermetallen**, erreicht werden. Die Verbesserungen werden inzwischen von den Wasserwerken am Rhein und von den Niederlanden als unserem Unterlieger bestätigt.
Dagegen bereiten Störfälle im R.-Einzugsgebiet, die im Gewässer zu Spitzenbelastungen mit den unterschiedlichsten Stoffen führen können, von Zeit zu Zeit erhebliche Probleme. Der bislang schwerwiegendste Vorfall ereignete sich im November 1986 im Chemiewerk Sandoz bei Basel. Am R. soll daher ein biologisches Warnsystem eingerichtet werden, das ein schnelles Anzeigen von Schadstoffwirkungen zum Ziel hat. Zum Nachweis der Toxizität von in Gewässern auftretenden unbekannten Schadstoffen werden dabei Testverfahren mit Organismen durchgeführt, die verschiedenen Lebensgemeinschaften im Gewässer angehören (Algen, Bakterien, Kleinkrebse, Fische). Die Testverfahren sollen so gestaltet sein, daß sie oberhalb der Grundbelastung des R. liegende Schadstoffkonzentrationen erfassen können. Nach Überschreiten bestimmter Werte wird „Alarm" ausgelöst, und es werden Wasserproben für chemische und weitergehende biologische Untersuchungen entnommen.
Daneben wurde auch erkannt, daß zur Erhaltung und Verbesserung der natürlichen Funktionen des R., nicht zuletzt der Gewässerqualität, eine möglichst intakte Tier- und Pflanzenwelt erforderlich ist, die als Lebensgrundlage vielfältige Biostruktu-

ren im Gewässer und in den Auen benötigt. Die IKSR hat im Dezember 1986 das Ziel aufgestellt, bis zum Jahre 2000 heute verschwundene, aber früher vorhandene höhere Arten (z. B. den Lachs) im R. als großen europäischen Strom wieder heimisch zu machen. Die Bundesregierung unterstützt entsprechende Aufgaben, die im Rahmen des 1987 in Gang gesetzten Aktionsprogrammes „Rhein" stattfinden.

→ **Elbe, Oder**

Richtlinien der Europäischen Gemeinschaften

Bei der Unterzeichnung der Römischen Verträge haben sich die Mitgliedsstaaten der Europäischen Gemeinschaften verpflichtet, die von ihnen gemeinsam erarbeiteten Richtlinien nach deren Verabschiedung in die nationale Gesetzgebung zu übernehmen, um einheitlich Mindestanforderungen festzulegen. Hierzu gehören im Bereich des Gewässerschutzes u. a.:

1. Richtlinie des Rates zur Angleichung der Rechtsvorschriften der Mitgliedsstaaten über Detergentien vom 22. November 1973.
2. Richtlinie des Rates zur Angleichung der Rechtsvorschriften der Mitgliedsstaaten über die Methoden zur Kontrolle der biologischen Abbaubarkeit anionischer grenzflächenaktiver Substanzen vom 22. November 1973.
3. Richtlinie des Rates über die Altölbeseitigung vom 16. Juni 1975.
4. Richtlinie des Rates über die Qualitätsanforderungen an Oberflächengewässer für die Trinkwassergewinnung in den Mitgliedsstaaten vom 16. Juni 1975.
5. Richtlinie des Rates über die Qualität der Badegewässer vom 08. Dezember 1975.
6. Richtlinie des Rates betreffend die Verschmutzung infolge der Ableitung bestimmter gefährlicher Stoffe in die Gewässer der Gemeinschaft vom 04. Mai 1976.
7. Richtlinie des Rates über Abfälle aus der Titandioxid-Produktion vom 20. Februar 1978.
8. Richtlinie des Rates über die Qualität von Süßwasser, das schutz- oder verbesserungsbedürftig ist, um das Leben von Fischen zu erhalten, vom 18. Juli 1978.
9. Richtlinie des Rates über die Meßmethoden sowie über die Häufigkeit der Probenahmen und der Analysen des Ober-

flächenwassers für die Trinkwassergewinnung in den Mitgliedsstaaten vom 09. Oktober 1979.

10. Richtlinie des Rates über die Qualitätsanforderungen an Muschelgewässer vom 30. Oktober 1979.
11. Richtlinie des Rates über den Schutz des Grundwassers gegen Verschmutzung durch bestimmte gefährliche Stoffe vom 17. Dezember 1979.
12. Richtlinie des Rates über die Qualität von Wasser für den menschlichen Gebrauch vom 15. Juli 1980.
13. Richtlinie des Rates betreffend Grenzwerte und Qualitätsziele für Quecksilberableitungen aus dem Industriezweig Alkalichloridelektrolyse vom 22. März 1982.
14. Richtlinie des Rates betreffend Grenzwerte und Qualitätsziele für Cadmiumableitungen vom 26. September 1983.
15. Richtlinie des Rates betreffend Grenzwerte und Qualitätsziele für Quecksilbereinleitungen mit Ausnahme des Industriezweigs Alkalichloridelektrolyse vom 08. März 1984.
16. Richtlinie des Rates betreffend Grenzwerte und Qualitätsziele für Ableitungen von Hexachlorcyclohexan vom 09. Oktober 1984.
17. Richtlinie des Rates betreffend Grenzwerte und Qualitätsziele für die Ableitung bestimmter gefährlicher Stoffe im Sinne der Liste I im Anhang der Richtlinie 76/464/EWG vom 12. Juni 1986.
18. Richtlinie des Rates zur Verhütung und Verringerung der Umweltverschmutzung durch Asbest vom 19. März 1987.
19. Richtlinie des Rates über die Behandlung von kommunalem Abwasser vom 21. Mai 1991.
20. Richtlinie des Rates zum Schutz der Gewässer vor Verunreinigung durch Nitrat aus landwirtschaftlichen Quellen vom 12. Dezember 1991.

Als supranationale Regelung ist darüber hinaus die Entscheidung des Rates zur Einführung eines gemeinsamen Verfahrens zum Informationsaustausch über die Qualität des Oberflächensüßwassers in der Gemeinschaft vom 12. Dezember 1977 zu nennen.

Die Richtlinien sind auf Bundesebene insbesondere durch Vorschriften des Wasserhaushaltsgesetzes, **Waschmittelgesetzes** und der Trinkwasserverordnung, sowie hierzu erlassene Ausführungsbestimmungen bereits umgesetzt. Soweit eine Umsetzung durch die Länder erforderlich ist, wurde diese in Landesgesetzen, Verordnungen oder durch Verwaltungsvorschriften vorgenommen.

→ **Internationale Gewässerschutzübereinkommen**

Ringkanalisation

Zum Schutz größerer Seen (z. B. Tegernsee) vor **Abwasser**einleitungen um den See herumführende **Kanalisation**sanlage. In diese Kanalisation wird das Abwasser aller am See liegender Ortschaften eingeleitet und unterhalb des Seeabflusses in einer **Kläranlage** gereinigt.

Rohrreiniger

Chemische R. enthalten i. a. Natriumhydroxid, dieses kann zur Gewässerbelastung beitragen. Bei unsachgemäßer Anwendung von natriumhydroxidhaltigen R. kann es auch zu schweren Verätzungen beim Anwender kommen. Rohrverstopfungen lassen sich umweltschonend mit mechanischen Hilfsmitteln beheben. Die Jury **Umweltzeichen** hat „umweltfreundliche Rohrreiniger" wie z. B. Saugglocken oder Rohrreinigungsspiralen mit dem Umweltzeichen ausgezeichnet.

→ **Chlor**

Rohwasser

Unbehandeltes Wasser, das als **Grund**-, **Quell**- oder **Oberflächenwasser** Ausgangsprodukt für die **Trinkwasser**- und **Betriebswasser**gewinnung ist.

Rotte → Klärschlammkompostierung

Ruhr

Die bakterielle R. wird durch Stäbchenbakterien Shigellen verursacht und geht mit Übelkeit und wäßrigem Durchfall einher, wobei dem Stuhl später auch Blut beigemengt sein kann. Die Übertragung ist fäkal-oral oder indirekt. Eine typische wasserbedingte Epidemie ereignete sich 1978 bei München, wo eine enge räumliche Beziehung zwischen einer Fäkaliengrube und dem Trinkwasserbrunnen des Ortes bestand. In die Fäkaliengrube gelangten Ausscheidungen eines Erkrankten.

→ **Krankheitserreger, Wasserepidemien**

S

Sachverständigenrat für Umweltfragen (SRU)

Gremium von 12 Sachverständigen zur periodischen Begutachtung der Umweltsituation (Umweltgutachten), zur Beratung – insbesondere der Bundesregierung – in Angelegenheiten der Umweltpolitik und zur Erstellung von Gutachten zu speziellen Umweltthemen (z. B. Umweltprobleme des **Rhein**s, Umweltprobleme der **Nordsee**). Der SRU wird vom Bundesumweltminister berufen. Die Geschäftsstelle befindet sich beim Statistischen Bundesamt in Wiesbaden.

Säugetiertoxizität

Giftwirkung von Stoffen/Stoffgemischen auf Säugetiere (und damit auch für den Menschen). In Oberflächen- und Grundwasser gelangende bzw. in ihnen enthaltene Stoffe können u. a. über das **Trinkwasser** die Gesundheit von Mensch und Tier gefährden. Bei der Bewertung derartiger Gefahren ist die Kenntnis der S., die u. a. an Ratten in standardisierten Laborprüfungen ermittelt wird, von grundlegender Bedeutung.

→ **Bakterientoxizität, Toxizität**

Salze

Die S.-Belastung unserer Fließgewässer ist auf verschiedene Quellen zurückzuführen: geologisch bedingte S.-Zufuhr, Mineralquellen, Niederschlag, natürliche S.-Ausscheidungen bei Menschen und Tieren, S.-Verbrauch in Haushalten, Dünge-S. der Landwirtschaft, **Streu-S.** und S.-Zufuhr durch gewerbliche bzw. industrielle Einleitungen, insbesondere aus dem Bergbau und der chemischen Industrie. S.-Belastungen, die im Wasser direkt zu schmecken sind, treten regional begrenzt in einigen Flüssen, z. B. im Rhein, in der Mosel, in der Werra, in der Weser und der unteren Lippe auf. Der S.-Gehalt des Rheins stammt zu wesentlichen Anteilen aus Natriumchlorid-Einleitungen des Bergbaus (salzhaltige Gräbenabwässer) und der Industrie sowie aus Kalziumchlorid-Einleitungen der Soda-Industrie. Etwa die Hälfte der S.-Fracht des Rheins stammt aus Abfallsalzen des Kalibergbaus im Elsaß. Die andere Hälfte kommt überwiegend aus Bergbau, Sodaindustrie und chemischer Industrie der Bundesrepublik Deutschland in gelöster Form hinzu. 1980 schwankten die S.-Gehalte im Rheinwasser (gemessen an der niederländischen Grenze) zwischen 50 und 230 mg Salz/l (Cl/l) (als empfohlene Obergrenze für Trinkwasser gilt ein Wert von 200 mg Cl/l). Erheblich größer sind die S.-Frachten in Werra und Weser. In der Wesermündung ist die S.-Konzentration etwa zehnmal so hoch wie im Rhein. Das S. stammt vor allem aus den thüringischen Kaligruben. Hohe S.-Konzentrationen schädigen nicht nur die Organismen im Wasser, sondern auch die Pflanzen, die mit salzhaltigem Wasser bewässert werden. So beklagen die Niederlande, daß die S.-Gehalte des Rheins hohe Ernteverluste bei den mit Rheinwasser bewässerten Gemüse- und Unterglaskulturen bewirkt haben. Unbestritten ist auch, daß in den Rohren des **Trinkwasserversorgung**snetzes die **Korrosion** aufgrund der S.-Belastung beschleunigt abläuft. Solche Schäden bringen auch für die industrielle **Brauchwasser**verwendung und die Elektrizitätswirtschaft bei der Kreis- und Rücklauf**kühlung** große Schwierigkeiten. Zur Verringerung der S.-Belastung bietet sich das Verpressen der salzhaltigen Abwässer in tiefe Gesteinsschichten oder die Errichtung von Soleleitungen zur Ableitung der salzhaltigen Abwässer in das Meer an. Beim Verpressen besteht allerdings die Gefahr einer **Grundwasser**schädigung. S.-Pipelines sind nach derzeitigem Kenntnisstand die ökologisch verträglichste, zugleich aber teuerste Lösung. Außerdem können hierbei große technische Schwierigkeiten, zum Beispiel durch Korrosion der Rohrleitungen auftreten.

→ **Anorganische Salze, Dritte Reinigungsstufen, Entsalzung, Kalisalze, Teilentsalzung**

Salzwasser

S. ist im allgemeinen Meereswasser, das im Durchschnitt 3 Prozent gelöste **Salze** enthält. Es ist für den menschlichen Genuß ungeeignet. Sonderformen sind Quell- und Grundwasser, die im Kontakt mit Salzlagerstätten gestanden und aus diesen z. T. ganz erhebliche Mengen Salze herausgelöst haben (Salzsohlen, Heilquellen).

Salzwiesen

Im Übergangsbereich zwischen Watt und Land liegen die S. Hier hat sich in Jahrtausenden unter extremen Bedingungen (Salzwasser, unregelmäßige Überflutung) eine hochspeziali-

S

sierte Pflanzen- und Tierwelt, die größtenteils aus dem Landbereich eingewandert ist, herausgebildet. Etwa 45 Pflanzenarten und über 1500 Kleintierarten (überwiegend Insekten und Spinnen) haben hier ihre ständige Heimat. Aber auch für viele Wiesen- und Küstenvögel sind die Salzwiesen unersetzbare Brut-, Rast- und Nahrungsgebiete. Bis zu drei Millionen Vögel finden sich während der Zugzeit auf den Salzwiesen (Hochwasserrastplatz) ein.

Sandfang

Teil der **mechanischen Abwasserreinigung** zur Entfernung des Sandes aus dem Abwasser. Die Fließgeschwindigkeit des Abwassers darf max. 0,3 m/s (= 1,1 km/h) betragen, damit Sandkörner und anderes Material (d > 0,2 mm) sedimentieren. Die **Sediment**ation wird durch Verringerung der Fließgeschwindigkeit erreicht. Leichtere Stoffe werden durch die Strömung weitertransportiert. S. werden zur Vermeidung von Verstopfungen und unerwünschten Sandablagerungen vor Pumpwerken und in Klärbecken angeordnet.

Sandfilter

Anlage zur **Trinkwasser**aufbereitung (Langsamsandfilter und/oder Schnellfilter) – auch zur weitergehenden Reinigung von Abwässern – durch Abtrennung von Schwebstoffen.

→ **Dritte Reinigungsstufe, Filter**

Sanitärreiniger

Produkte mit je nach Anwendungszweck unterschiedlicher chemischer Zusammensetzung. Im wesentlichen sind S. auf Chlorbasis (alkalisch) und saure S. zu unterscheiden.

S. auf Chlorbasis enthalten meistens Natriumhypochlorit sowie alkalische Verbindungen, z. B. Natriumhydroxid, und Phosphate. Sie haben eine gut reinigende und auch stark desinfizierende Wirkung, die aber nur in einem recht engen pH-Bereich (pH-Wert 8–10) optimal ist. Unter fahrlässig herbeigeführten Umständen (z. B. Vermischung mit sauren WC-Reinigern) können gesundheitsgefährdende Gase (Chlor) entstehen. Zudem ist die desinfizierende Wirkung natriumhypochloridhaltiger S. im Haushalt unter normalen Umständen nicht notwendig. Aus die-

sen Gründen ist der Einsatz solcher Produkte im Haushalt genau auf seine Notwendigkeit hin zu überprüfen. Diese S. werden ansonsten im industriellen und gewerblichen Bereich, z. B. Desinfektion und/oder Schimmel- und Pilzentfernung in Lebensmittelbetrieben, Krankenhäusern, angewendet.
Natriumhypochlorit kann zur Bildung von chlorierten Kohlenwasserstoffen beitragen und somit das Abwasser in besonderer Weise belasten.
Saure S. enthalten Säuren oder säureabspaltende Substanzen wie Phosphorsäure, Salzsäure, Ameisensäure. Sie sind besonders geeignet zur Beseitigung von Kalkrückständen, Urinstein, verkrustetem Schmutz und verwendbar für alle säurebeständigen Materialien wie Fliesen, Kacheln, Glas, Porzellan. Wegen der ätzenden Wirkung sollte man besondere Vorsicht beim Umgang mit sauren S. walten lassen.

Saprobien

Aerobe, also sauerstoffzehrende Organismen, die in Gewässern leben und tote organische Substanz mineralisieren. Damit bewirken sie eine biologische **Selbstreinigung** der Gewässer. Zu den S. gehören z. B. bestimmte Arten aus den Gruppen der Würmer, Bakterien, Pilze und Algen.

Saprobiensystem

Die einzelnen Arten der **Saprobien** sind i. a. charakteristisch für einen bestimmten Grad der Belastung mit abbaubaren organischen Stoffen. Das klassische S. nach Kolkwitz und Marsson nimmt eine Zuordnung der Saprobien zu 4 verschiedenen Belastungsstufen in Gewässern bzw. in deren Teilbereichen vor. Aus der Besiedlung eines Gewässerabschnitts kann auf diese Weise geschlossen werden, ob er oligosaprob (nicht oder kaum belastet), β-mesosaprob (mäßig belastet) α-mesosaprob (stark verschmutzt) oder polysaprob (übermäßig verschmutzt) ist. Das klassische S. wurde später durch die Einführung von Zwischen- bzw. Übergangsstufen verfeinert. So weist das in der Bundesrepublik bei der regelmäßig erfolgenden Fließgewässer-Gütekartierung eingesetzte S. 8 Stufen der Gewässerbeschaffenheit auf.

S

Sauerstoff

Häufigstes auf der Erde vorkommendes Element. Die meisten Lebewesen im Wasser benötigen zu ihrer Existenz S. Deshalb spielt gelöster S. auch eine wichtige Rolle für die ökologische Stabilität von Gewässern.

→ **Sauerstoffzehrung**

Sauerstoffanreicherung (Sauerstoffeintrag, Sauerstoffzufuhr)

Erhöhung des Sauerstoffgehalts im Wasser durch künstliche Belüftung. Wasser hat die Fähigkeit, **Sauerstoff** aus der Luft aufzunehmen und zu lösen. Wird im Wasser mehr gelöster Sauerstoff verbraucht, als über natürliche Prozesse in das Wasser hineingelangt, werden die natürlichen Abläufe gestört. Zum Ausgleich vor Sauerstoffmangel eignen sich folgende Verfahren: Überleiten des Wassers über Kaskaden, Abstürze und Wehre; Versprühen des Wassers in der Luft durch Oberflächenbelüfter (Kreisel, Walzen, Bürsten oder Düsen); Einblasen von Luft durch grob- oder feinblasige Druckluftbelüftung (Verteilung der Luft durch gelochte Rohre, feinporige Filterböden, feinporige Rohrbelüfter bzw. Filterkerzen); Ansaugen der Luft durch die Beschleunigung des Wasserkörpers (selbstansaugende Umweltbelüfter und Strahlbelüfter bzw. Venturidüsen). In Einzelfällen wird die S. mit reinem Sauerstoff vorgenommen.

Sauerstoffbedarf

→ **Biochemischer Sauerstoffbedarf (BSB), Chemischer Sauerstoffbedarf (CSB)**

Sauerstoffgehalt (im Wasser)

Konzentration von gelöstem **Sauerstoff** im Wasser. Die meisten Wasserorganismen benötigen eine Mindestkonzentration von gelöstem Sauerstoff im Wasser zum Leben. Die Löslichkeit des Sauerstoffs im Wasser nimmt mit steigender Temperatur sowie mit steigendem Gehalt an gelösten Substanzen (z. B. viskositätserhöhende und oberflächenaktive Stoffe, Salze, andere gelöste Gase) ab. Der Sättigungswert beträgt bei 0 °C 14,6 mg O_2/L (a. d.) und sinkt bei 20 °C auf 9,1 mg O_2/L (a. d.). Die fischkritische Konzentration wird bei Werten kleiner als 4 mg O_2/L erreicht.

Im **Trinkwasser** ist der S. in erster Linie für die Schutzschichtbildung an der Innenwand metallischer Rohrleitungen von Bedeutung (günstig sind Sauerstoffgehalte von 6–8 mg/L).

Sauerstoffzehrung

Sauerstoffverbrauch von **Mikroorganismen** beim aeroben **Abbau** von organischer Substanz im Wasser innerhalb einer Zeiteinheit.

→ **Biochemischer Sauerstoffbedarf**

Saure Niederschläge

Regenwasser sollte aufgrund des atmosphärischen Kohlendioxidgehalts und der natürlicherweise in der Luft enthaltenen Spurenstoffe einen Säuregehalt (**pH-Wert**) von etwa 4,6 bis 5,6 in Mitteleuropa haben. Tatsächlich liegt der pH-Wert des Regenwassers der Bundesrepublik Deutschland im Mittel bei etwa 4,0 bis 4,6. Dieses entspricht etwa einer bis zu etwa 40fachen Säuremenge gegenüber natürlichen Säureverhältnissen. Wie aus der Analyse des Niederschlagswassers hervorgeht, ist diese Übersäuerung auf den Gehalt von Schwefel- und Salpetersäure zurückzuführen. Diese Säuren bilden sich in der Atmosphäre als Folgen der Schwefeldioxid- und Stickoxidbelastungen. Zunächst waren in den skandinavischen Ländern Folgen dieser sauren Niederschläge (z. B. Fischsterben in den Seen) beobachtet worden. Seit einigen Jahren treten in Mitteleuropa, auch in der Bundesrepublik Deutschland, verstärkt Waldschäden, in zunehmendem Maße aber auch Gewässerschäden auf. Denn auch Gewässer können in ihrem pH-Wert verändert werden und dadurch „versauern". Die Folge ist ein Absterben der **Mikroorganismen**, in schweren Fällen sogar der Fischbrut. Eine indirekte Folge der Versauerung ist eine Freisetzung von Schwermetallen aus den Sedimenten der Gewässer (z. B. Aluminium). Dieser Vorgang kann zur Vergiftung von Organismen führen. Während der Wintermonate, der Zeit der höchsten Schwefeldioxidkonzentrationen, können sich die sauren Schwefelverbindungen in der Schneedecke ansammeln und mit der Schneeschmelze zu einem plötzlichen sehr starken Versauern der Gewässer führen.

S

Beispiel „Großer Arbersee“: eine zunehmende Versauerung führte zur Verringerung des pH-Wertes und zur Freisetzung umweltschädigender Schwermetalle

Schadeinheit → Abwasserabgabengesetz

 Schlamm → Klärschlamm

S

Schlammvolumenindex (JSV)
Entspricht dem Schlammvolumen, das von 1 g Trockensubstanz nach einer Absatzzeit von 30 min ermittelt wird. Der JSV dient zur Beurteilung der Absetzeigenschaften des **Blähschlammes.**

Schluckbrunnen
Brunnen zur Einleitung von Wasser in den Untergrund mit dem Ziel einer künstlichen **Grundwasseranreicherung.**

Schmutzfracht → Fracht

Schnellfiltration
Reinigungsverfahren zur Trink**wasseraufbereitung**, bei der das Wasser durch eine Sandschicht und/oder andere **Filter**materialien hindurchläuft, um es von mechanisch abtrennbaren Stoffen (Schwebstoffen) zu befreien.
→ **Sandfilter**

Schutzgüter
Schutzgüter beschreiben verschiedene Anforderungen an Gewässer. Sie werden wasserwirtschaftlich vorgegeben. Wichtige Schutzgüter sind die Bestandssicherung aquatischer Lebensgemeinschaften, Fischerei, Bewässerung, **Trinkwasserversorgung** u. a.

Schwebstoffe
→ **Absetzbare Stoffe, Abwasserreinigung, Dritte Reinigungsstufen**

Schwer abbaubare Stoffe → Abbau

Schwermetalle
Metalle mit einer höheren Dichte als 5 g/cm^3 (Eisen, Zink, Kupfer, Mangan, Zinn, Chrom, Cadmium, Blei, Quecksilber u. a.). S. kommen in Gewässern in gelöster und in gebundener Form vor. Sie stammen insbesondere aus Einleitungen von Quecksilberverbindungen, der chemischen Industrie, metallhaltigen Abwässern aus Metallhütten und aus der Ober-

S

flächenveredelung von Galvanik- und Beizereibetrieben. Einige S. sind in geringen Mengen (Spurenelemente wie z. B. Kupfer, Zink, Mangan) lebensnotwendig, führen aber in höheren Konzentrationen zu Wachstuns- und Stoffwechselstörungen bei Organismen. Die toxische Wirkungsschwelle liegt in vielen Fällen nur wenig oberhalb der geogenen Hintergrundkonzentration, so daß sich Schutzmaßnahmen an diesen orientieren sollten. Einige S. können sich in Fischen in größeren Konzentrationen anreichern. Im allgemeinen ist in den letzten Jahren ein Rückgang der Schwermetallbelastung im **Rhein** eingetreten; der Rückgang ist bei Quecksilber, Cadmium und Chrom besonders deutlich. Dies ist das Ergebnis zahlreicher, vor allem innerbetrieblicher Vermeidungsmaßnahmen. Die Konzentrationen liegen praktisch alle im Bereich von Mikrogramm pro Liter und unterschreiten damit die für die Trinkwasserversorgung relevanten Grenz- oder Richtwerte. Bei Cadmium und Quecksilber liegen die Konzentrationen zum Teil sogar deutlich unter einem Mikrogramm. Problematisch sind allerdings die Anreicherungen → von S. in **Sedimenten**. Dies kann für die Verwendung von **Baggergut** und die Kontamination von Überschwemmungsflächen von Bedeutung sein.

→ **Elbe, Metalle, Nordsee**

Schwimmstoffe → Absetzbare Stoffe

Sediment

Durch Absetzen (Sedimentation) von mineralischen und/oder organischen Feststoffteilchen entstandene Ablagerungen in **Gewässern**. Man unterscheidet ja nach Ablagerungsart Meeres-(marine), Seen-(limnische) und Fluß-(fluviatile) S. Einige Schadstoffe (z. B. **Schwermetalle** wie **Cadmium**) können sich in S. in hohen Konzentrationen ansammeln, aber auch aus diesen wieder herausgelöst werden und so eine Gefahr für die Lebensgemeinschaften in Gewässern bilden. Bei der Ausbaggerung von Flußläufen fallen regelmäßig große Mengen an Baggerschlamm an, die zum Teil aufgrund hoher Schwermetallgehalte auf Sonder-Deponien

abgelagert werden müssen, um eine Gefahr für die Umwelt auszuschließen.
→ **Baggergut**

Seerechtsübereinkommen

Am 10. Dezember 1982 wurde in Jamaica das Seerechtsübereinkommen der Vereinten Nationen (SRÜ bzw. UNCLOS) unterzeichnet, welches (Stand Juli 1993) noch nicht in Kraft getreten ist, da die ausreichende Anzahl von Ratifikationen bzw. Beitritten (mindestens 60) fehlt. Das SRÜ schafft ein umfassendes Rechtssystem zur friedlichen Nutzung der Ozeane. Daneben werden grundsätzliche Regeln zum Schutz der Meeresumwelt und für die insoweit erforderliche internationale Zusammenarbeit aufgestellt. In weiten Teilen wird Völkergewohnheitsrecht festgeschrieben, neu – und umstritten – sind jedoch die Bestimmungen über den Tiefseebergbau. Es werden Gespräche über Neuverhandlungen geführt.
→ **Ausschließliche Wirtschaftszone, Hohe See**

See- und Küstenvögel

Sie lassen sich als Bioindikatoren für die Schadstoffbelastung des Meeres und mariner Nahrungsketten einsetzen. Ein Schadstoffmonitoring entlang der Nordseeküste von 1983–1987 mit Seevogeleiern zeigte, daß unter 11 Küstenvogelarten die fischfressenden Seeschwalben am stärksten kontaminiert waren. Untersucht wurden die Gehalte an organischen Schadstoffen (HCB, Lindan, DDT, PCB) und an Schwermetallen (Quecksilber).

Seevogelsterben

Die Tendenz für die Funde verölter Seevögel ist zwar rückläufig, doch die relative Anzahl der verölten Seevögel an der Gesamt-Totfundrate hat kaum abgenommen. Sie bewegt sich nach wie vor in der Größenordnung von 30%.
Hochrechnungen lassen darauf schließen, daß allein im Winterhalbjahr 1983/84 bis zu 200 000 Seevögel in Folge der Ölpest verendet sind. Analysen der verölten Gefieder haben ergeben, daß es sich bei 85 Prozent aller Proben um Ölrückstände der Seeschiffahrt handelt.

S

Obwohl fast alle deutschen Seehäfen über geeignete Entsorgungseinrichtungen verfügen und es technisch möglich ist, gebrauchte Öle auch an Bord zu verbrennen, wird in wachsendem Umfang Öl in das Meer gepumpt, um die Kosten für die Entsorgung zu sparen. Entgegen oft erhobenen Behauptungen handelt es sich hier nicht um legal, sondern ganz eindeutig um illegal abgelassenes Öl, weil die **Grenzwerte** für das erlaubte Ölablassen so niedrig liegen, daß die registrierten schweren Verölungen an Seevögeln damit nicht zu erklären sind.
Aufgrund der jetzt vorliegenden Ergebnisse wird auch deutlich, daß der drastische Anstieg der durch Verölung getöteten Seevögel, der seit 1979 beobachtet wird, in engem Zusammenhang mit der Verschlechterung der Brennstoffqualität für die Seeschiffe steht. In diesem Zeitraum wurde in zunehmendem Maße minderwertiger Brennstoff eingesetzt, um die Folgen des Ölpreisanstieges für die Schiffahrt aufzufangen. Die dadurch anfallenden Ölrückstände an Bord betragen zur Zeit etwa 0,4 Prozent des Kraftstoffverbrauches. Nach vorsichtigen Schätzungen werden etwa 80 Prozent dieser Rückstände in das Meer gepumpt.
→ **Meeresverschmutzung, Wattenmeer**

Selbstreinigung

Bezeichnet das Vermögen eines **Gewässers**, mit Hilfe von pflanzlichen und tierischen Organismen (Saprobien) aus natürlichen Quellen stammende oder vom Menschen eingeleitete organische Stoffe abzubauen. Dabei wird **Sauerstoff** verbraucht. Wird z.B. mehr ungereinigtes Abwasser in ein Gewässer eingeleitet, als Sauerstoff für den Abbau zur Verfügung steht, ist das Selbstreinigungspotential des Gewässers überschritten. Es kommt zu einem Sauerstoffmangel, höhere und niedere Lebewesen sterben ab, das Gewässer „kippt um".
→ **Abbau, Belastungsgrenzen, Belüftung, biologische Selbstreinigung, Mineralisation**

Sickerwasser (aus Deponien)

Ein Teil des auf Deponien anfallenden Niederschlags versickert und durchfließt dabei die abgelagerten Abfälle. Hierbei nimmt das S. lösliche Substanzen auf. Die S.-menge kann je nach Niederschlagsverhältnissen 0,001–0,1 l/s und Hektar Deponiefläche betragen. Aufgrund des hohen Verschmutzungsgrades des S. muß verhindert werden, daß es ungeklärt ins **Grundwasser** oder ins **Oberflächenwasser** gelangt. Das S. muß demgemäß durch geeignete Maßnahmen aufgefangen und in S.-Reinigungsanlagen oder **Kläranlagen** behandelt werden.

Sprungschicht

Horizontale Wasserschicht im See (Meer) mit besonders steilem Temperaturgradienten. Während der Sommer**stagnation** zwischen **Epilimnion** und **Hypolimnion** gelegen, im Winter (unter Eis) an der Oberfläche ausgebildet.

Stagnation

Energetischer Stabilitätszustand horizontal übereinandergeschichteter, meist in der Temperatur unterschiedlicher Wassermassen eines Sees. Die S. wird von einer Zirkulation abgelöst.

Stand der Technik

In einigen Umweltgesetzen (vgl. § 7a **Wasserhaushaltsgesetz**, § 5 Nr. 2 BImSchG) der Bundesrepublik Deutschland gebräuchliche Bezeichnung für den Entwicklungsstand fortschrittlicher Verfahren, Einrichtungen und Betriebsweisen, deren praktische Eignung bei der Bekämpfung von Umweltbelastungen als gesichert erscheint. Bei der Bestimmung des SdT sind insbesondere im Betrieb erprobte Verfahren, Einrichtungen oder Betriebsweisen heranzuziehen. Maßnahmen nach dem SdT sollen den besten zur Zeit realisierbaren Schutz der Umwelt vor Schädigungen garantieren.

→ **Regeln der Technik**

Standrohrspiegelhöhe

Mit der S. wird das Niveau der Grundwasserdruckfläche im Punkt der Meßstelle angegeben. Sie bezieht sich meist auf „m über NN".

→ **Freies Grundwasser**

Stickstoffelimination

→ **Abwasserreinigung, Denitrifikation, Dritte Reinigungsstufen, Nitrifikation**

S

Streusalz (Tausalz zur Glatteisbekämpfung)

Steinsalz (Natriumchlorid) mit bis zu 10% Verunreinigungen durch andere Salze. In der Umgebung von Verkehrswegen entstehen durch salzhaltiges Spritzwasser und Straßenabwässer Salzschäden an der Vegetation (u.a. verzögerter Blattaustrieb, Blattnekrosen, vorzeitiger Laubfall, Absterben ganzer Pflanzen). Als umweltfreundliche Alternative hat die Jury **Umweltzeichen** salzfreie, abstumpfende Streumittel mit dem Umweltzeichen ausgezeichnet. In der Bundesrepublik Deutschland gibt es bereits in vielen Gebieten und Bereichen Anwendungsverbote für S.

→ **Salze**

Strippen

Stoffaustrag aus dem Wasser durch **Belüftung**sverfahren. Das S. (aus dem Englischen: stripping = ablösen, abtrennen) wird hauptsächlich bei der **Trinkwasser**aufbereitung angewendet, um Kohlensäure zur Entsäuerung und **Enthärtung** auszutragen oder leichtflüchtige organische Schadstoffe (z.B. **chlorierte Kohlenwasserstoffe**) auszublasen. Die **Belüftung** kann z.B. durch Versprühen des Wassers mit Hilfe feiner Düsen erfolgen, wobei es eine intensive Durchmischung mit der Luft gibt.

Süßwasser

Unter S. wird im allgemeinen Wasser verstanden, das von Menschen getrunken werden kann, also Niederschlagswasser, Oberflächenwasser, auf den Kontinenten und Grundwasser mit weniger als 500 mg/l gelösten Salzen.

Sulfonsäuren

Saure organische Verbindungen des Schwefels. S. sind u.a. bestimmte grenzflächenaktive Stoffe (**Tenside**), bestimmte Vorstufen für chemische Produkte (z.B. Farbstoffe) und Weichmacher. Bei der Zellstoffherstellung entstehen die stark gewässerbelastenden **Ligninsulfonsäuren**.

Supranationale Übereinkommen

 → **Richtlinien der Europäischen Gemeinschaften**

Synergistische Wirkungen → Kombinationswirkungen

S T

Tankerunfälle

T. der letzten Zeit („Aegean Sea" vor La Coruna im Dezember 1992; „Braer" vor den britischen Shetland-Inseln und „Maersk Navigator" vor Nordsumatra im Januar 1993) haben wiederum deutlich gemacht, welche Gefahren vom Öltransport mit Supertankern für die Umwelt ausgehen. Die Schäden an Flora und Fauna sind in jedem Falle verheerend und z. T. auf Jahrzehnte nicht wieder gutzumachen. Immer lauter werden deshalb die Stimmen, die u. a. eine Verkleinerung der Schiffe, eine Doppelrumpfbauweise und Fahrtrouten weitab von den Küsten fordern. Der Rat der Verkehrsminister der EG hat sich Ende 1992 darauf geeinigt, daß die zuständigen Behörden der Mitgliedsstaaten von der Existenz gefährlicher Güter an Bord unterrichtet werden, die von oder nach EG-Häfen unterwegs sind. Weitere Maßnahmen werden vorbereitet.
Um vor der deutschen Küste Unfälle von Öl-, Gas- oder Chemikalientankern nach Möglichkeit auszuschließen, hat die Bundesregierung u. a. folgende Maßnahmen getroffen:
- Einrichtung einer küstenfernen Fahrroute für Schiffe mit gefährlichen Ladungen.
- Radarüberwachung der inneren Deutschen Bucht (wurde mit einem Kostenaufwand von 42,5 Mio DM ausgebaut) und der Küstengewässer bis zu den Häfen.
- Fahrtantritt für Schiffe mit bestimmten gefährlichen Gütern (z. B. Erdöl und Erdölprodukte) nur bei Sichtweiten von mindestens 1000 m.
- Allgemeine Meldepflicht für alle Fahrzeuge ab 50 m Länge.
- Allgemeine Lotsenannahmepflicht.
- Unterrichtung des Lotsen über den Zustand des Schiffes und seiner Ausrüstung vor Fahrtantritt.

Teilentsalzung

Ein erhöhter Salzgehalt im Trink- und Brauchwasser hat unerwünschte oder schädliche Folgen: Der Waschmittelverbauch erhöht sich, beim Erwärmen entsteht Kesselstein, im Verteilungsnetz erhöhen sich die **Korrosion**sschäden. Bestimmte **Salze** sind auch gesundheitlich bedenklich (z. B. **Nitrate**). Daher muß

T

der Salzgehalt auf niedrigem Niveau gehalten werden. Eine Vollentsalzung ist im allgemeinen nur bei bestimmten Brauchwasserqualitäten erforderlich (z. B. Kesselspeisewasser). **Trinkwasser** muß aus technischen und gesundheitlichen Gründen einen bestimmten Mindestgehalt (Kalzium- und Magnesiumsalze) haben, deshalb wird hier (falls erforderlich) nur eine T. durchgeführt.

Tenside

Waschaktive Substanzen (einschließlich Seifen), die die Oberflächenspannung des Wassers herabsetzen und die Schmutzlösung fördern. T. werden in vielen Wirtschaftsbereichen angewendet. Die in den 50er Jahren in den Waschmitteln enthaltenen T. führten aufgrund ihrer geringen Primärabbaubarkeit zur Schaumbildung auf Gewässern, in Ausnahmen sogar zu schäumendem Trinkwasser. Seit Verabschiedung des **Detergentiengesetzes** (1961) ist dieses Problem gelöst.

Tensidverordnung

In Ergänzung zum **Waschmittelgesetz** ist am 01. 10. 1977 die Rechtsverordnung über die Abbaubarkeit anionischer und nichtionischer grenzflächenaktiver Stoffe in Kraft getreten (sog. Tensidverordnung, BGBl 1977 I S. 244, zuletzt geändert am 04. 06. 1986, BGBl I S. 851). Danach dürfen nur solche **Wasch- und Reinigungsmittel** in den Verkehr gebracht werden, bei denen die anionischen und nichtionischen **Tenside** im Gewässer nach einem vorgeschriebenen Prüfverfahren zu mindestens 80 % primär abbaubar sind (**Primärabbau**).

Testverfahren

→ **Abbau, Bakterientoxizität, Bewertung wassergefährdender Stoffe, Bioindikatoren, Biologisches Abbauverhalten, Deutsche Einheitsverfahren, Fischtest, Goldorfentest, Kaliumpermanganatverbrauch, Wasseruntersuchungen**

T

Thermische Belastung
Belastung der Gewässer mit **Abwärme,** insbesondere aus Kraftwerken und Industrieanlagen.
→ **Kühlsysteme**

Tiefengrundwasser
Grundwasser aus tiefen Grundwasserleitern (über 180 m Tiefe). T. enthält oftmals Mineralien in höherer Konzentration und/oder ist durch die Erdwärme aufgeheizt. Solches Wasser kann in besonderen Fällen als Heilwasser verwendet werden.

Titandioxidproduktion
Produktionsprozeß zur Herstellung eines Farbstoffes (Weißpigment = Titandioxid-Pigment) mit dem größten Marktanteil. Bei der T. entstehen je nach Produktionsverfahren unterschiedliche Rückstände (u. a. **Dünnsäure**, Grünsalz). Das Grünsalz wird entweder zu Säure und Oxid aufgearbeitet oder bei der Abwasserreinigung als Fällungsmittel eingesetzt. Bei der Einbringung von Dünnsäure in das Meer besteht zunehmend Besorgnis über die möglichen Folgen auf die Meeresökologie. Ende 1989 hat die Bundesrepublik Deutschland die Dünnsäure-Einbringung eingestellt. Dies wurde durch die Inbetriebnahme von Dünnsäureaufbereitungsanlagen möglich.
→ **Meeresverschmutzung**

Totalabbau
Vollständiger **Abbau organischer Verbindungen** vorwiegend durch **Mikroorganismen** zu anorganischen Stoffen (Wasser, Kohlendioxid, Ammoniak, **Nitrat**, Schwefelwasserstoff, Sulfat usw.).

Toxizität
Giftigkeit von Stoffen oder Stoffgemischen. Die Lebewesen des Wassers nehmen giftige Stoffe u. a. über Haut und Kiemen, daneben aber auch mit ihrer Nahrung auf. Die Giftwirkung von Einzelstoffen oder Stoffgemischen in einem Gewässer hängt nicht nur von der Art der Gifte, deren Konzentration und der Dauer ihrer Einwirkung ab, sondern noch von zahlreichen weiteren Faktoren. So besitzen die einzelnen Arten der Lebewesen

eine sehr unterschiedliche Empfindlichkeit gegenüber einem bestimmten Giftstoff bzw. -gemisch. Hinzu kommen die oft sehr erheblichen Sensibilitätsunterschiede zwischen den Individuen sowie zwischen den Entwicklungsstadien (Eiern, Embryonen, Larven, jungen und erwachsenen Exemplaren). Auch vorangegangene Schwächungen der Organismen, z. B. durch Krankheiten, spielen eine Rolle. Daneben beeinflußt der Gang chemisch-physikalischer Faktoren im Wasser (u. a. von **pH-Wert**, Sauerstoff- und **Salz**konzentration, Temperatur, Strömung) sowohl den Stoffwechsel der Organismen einschließlich Aufnahme, Verteilung, **Abbau** und Ausscheidung der Schadstoffe als auch deren Ausbreitung und Verfügbarkeit (für Lebewesen) in den Gewässern. Von hoher Bedeutung sind daneben vorhandene Schwebstoffe und Sedimente, die eingebrachte Giftstoffe in unterschiedlichem Maße kurz- oder langfristig zu binden vermögen. Die Abschätzung des Umfangs möglicher toxischer Wirkungen der in einem Gewässer festgestellten Schadstoffkonzentrationen auf die verschiedenen Wasserorganismen und ihre Lebensgemeinschaften ist daher schwierig. Insbesondere gilt dies in jenen Fällen, wo gleichzeitig mehrere gefährliche Stoffe auftreten, die je nach Wirkungsmechanismus eine Steigerung oder Herabsetzung schädlicher Effekte verursachen können. Entsprechende Probleme ergeben sich bei der toxikologischen Bewertung z. B. von Produkten, Rückständen oder Abwässern in bezug auf deren mögliche Gewässergefährdung. Wichtige Hinweise geben geeignete Labortests mit repräsentativen Wasserorganismen wie **Bakterien**, Algen, Krebsen (u. a. Wasserflöhen) und Fischen.

→ **Algentoxizität, Bakterientest, Fischtest, Fischtoxizität, Kanzerogenität, Kombinationswirkungen, Säugetiertoxizität**

Trennkanalisation/Trennsystem

Kanalisationssystem, bei dem Schmutzwasser und **Niederschlag**swasser in getrennten Kanälen abgeleitet wird.

→ **Mischsystem**

Trinkwasser

Für menschlichen Genuß und Gebrauch geeignetes Wasser, das bestimmte in Gesetzen und anderen Rechtsnormen festgelegte

T

Güteeigenschaften erfüllen muß. T. ist das wichtigste Lebensmittel. Es kann nicht ersetzt werden. Die Grundforderungen an einwandfreies Trinkwasser sind: frei von Krankheitserregern, keine gesundheitsschädigenden Eigenschaften, keimarm, appetitlich, farblos, kühl, geruchlos, geschmacklich einwandfrei, geringer Gehalt an gelösten Stoffen (DIN 2000). Darüber hinaus darf T. keine übermäßigen **Korrosion**schäden am Leitungsnetz hervorrufen und sollte in genügender Menge mit ausreichendem Druck zur Verfügung stehen.

Trinkwasseraufbereitung
→ **Wasseraufbereitung, Wassergewinnung, Trinkwasserverordnung**

Trinkwasseraufbereitungsverordnung
(Verordnung über den Zusatz fremder Stoffe bei der Aufbereitung von Trinkwasser). Die Verordnung wurde 1990 in die **Trinkwasserverordnung** überführt.

Trinkwasserchlorung → Chlorung

Trinkwasserfluoridierung → Fluoride

Trinkwasserqualität
Die Qualität unseres Trinkwassers wird durch die **Trinkwasserverordnung** auf der Grundlage des Bundesseuchengesetzes geregelt. Danach ist es verboten und strafbar, **Trinkwasser** für andere derart zu gewinnen, herzustellen, zuzubereiten, daß dessen Genuß die menschliche Gesundheit zu schädigen geeignet ist.
→ **Keime**

Trinkwasserschutzgebiet → Wasserschutzgebiet

Trinkwasserverordnung (TrinkWV)
Auf der Grundlage des Bundesseuchengesetzes und des Lebensmittel- und Bedarfsgegenständegesetzes (LMBG) erlassene Verordnung vom 5. 12. 1990 (BGBl I, S. 1612), die u. a. Bestimmungen über die Beschaffenheit des **Trinkwassers,** die Pflichten des Unternehmers oder sonstigen Betreibers einer Wasserver-

T

sorgungsanlage, die Überwachung durch das Gesundheitsamt, **Grenzwerte** für gesundheitsschädliche chemische Stoffe, Angaben über chemische und bakteriologische Untersuchungsverfahren sowie Angaben über Art und Häufigkeit von Wasseruntersuchungen enthält. Die Grenzwerte für Wasserinhaltsstoffe sind so festgelegt, daß bei lebenslanger Aufnahme keine schädlichen Folgen zu erwarten sind.
Die Novellierung der TrinkWV im Jahre 1990 erfolgte vor allem zur Anpassung an die **EG-Richtlinie** „Qualität des Wassers für den menschlichen Gebrauch". Wichtige Änderungen bestehen in der Senkung des **Nitrat**-Grenzwertes auf 50 mg/l (vorher 90 mg/l) und der Festsetzung von Grenzwerten für **halogenierte Kohlenwasserstoffe** und für Pflanzenschutzmittel.
→ **Schwermetalle, Trinkwasseraufbereitungsverordnung**

Trinkwasserversorgungsanlagen

Für die Einrichtung und den Betrieb von T. gelten folgende Grundsätze: Zentrale T. einschließlich ihrer Erweiterung und ihres Umbaus dürfen nur von erfahrenen Fachleuten des Wasserversorgungswesens geplant werden. Für Spezialgebiete sind Sachverständige zu beteiligen. Zunächst ist der Wasserbedarf und seine voraussichtliche Entwicklung festzustellen. Hierbei sind die jahreszeitlichen Bedarfsspitzen und insbesondere die Tages- und Stundenspitzen sowie deren voraussichtliche Entwicklung zu berücksichtigen. Weiterhin ist zu prüfen, ob das in Aussicht genommene Wasservorkommen den **Wasserbedarf** decken kann. Wasser, das allen an das Trinkwasser zu stellenden Güteverordnungen ohne Aufbereitung entspricht und seiner Herkunft nach am wenigsten eine Gefahr durch zivilisatorische Einflüsse ausgesetzt ist, sollte jedem anderen Wasser vorgezogen werden. Der Sicherung der Trinkwasserversorgung nach Güte und Menge gebührt gegenüber anderen konkurrierenden Interessen der Vorrang. **Grund**-, **Quell**- und **Oberflächenwasser**, das der Trinkwasserversorgung dient, muß daher zum Wohle der Allgemeinheit in bestmöglicher Weise vor Verunreinigung und vor Beeinträchtigung bezüglich der Ergiebigkeit geschützt werden. Dies geschieht u. a. durch die Festlegung von Trink**wasserschutzgebieten** im Einzugsbereich von T.

T

Trockenkühlturm → Kühltürme

Trockenwetterabfluß (-zufluß)
Abfluß in der **Kanalisation** ohne Regenwasser gemessen in l/s, m^3/s oder m^3/h. Der T. setzt sich aus dem **Haushaltsabwasser**, dem **Industrieabwasser** und dem Fremdwasser zusammen. Im allgemeinen werden kommunale **Kläranlagen** für den zweifachen T. ausgelegt. Sie sollen somit einen dem Trockenwetterabfluß entsprechenden Anteil des Niederschlagwasser mit behandeln können.

Tropfkörperverfahren
Abwasserreinigung mit Hilfe von **aeroben**, schmutzabbauenden Mikroorganismen, die auf fester Materie (Tropfkörperfüllung) angesiedelt sind (sogenannter biologischer Rasen). Der Tropfkörper ist ein mit witterungsbeständigen Natursteinen (z. B. Lavaschlacke) oder Kunststoff-Füllkörper gefülltes Bauwerk. Das Abwasser wird i. a. über Drehsprenger auf der Tropfkörperoberfläche verteilt und passiert den Tropfkörper von oben nach unten, wobei die auf den Füllkörpern angesiedelten **Mikroorganismen** unter **Sauerstoff**verbrauch die **organischen** Substanzen abbauen. Anschließend wird das Abwasser in **Nachklär**becken geleitet. Bei mehrstufigen Kläranlagen werden T. häufig als erste Stufe verwendet, während die zweite Stufe aus **Belebungs**becken besteht.

Typhus
Erreger ist das Stäbchenbakterium Salmonella typhi. Die Übertragung erfolgt fäkal-oral. T. ist zunächst durch Benommenheit, Kopfschmerzen und anhaltendes Fieber gekennzeichnet, im späteren Verlauf treten Durchfall und Darmblutungen auf. Infektionsquelle sind nicht nur Kranke, sondern auch gesunde Dauerausscheider, die den Erreger noch Jahrzehnte nach dem Überstehen der Krankheit ausscheiden können. Mit Fäkalien verunreinigtes Grundwasser löste 1919 in Pforzheim eine Typhusepidemie aus.
→ **Krankheitserreger, Wasserepidemien**

U

Überdüngung → Düngung, Eutrophierung

Uferfiltration

Gewinnung von Wasser aus einem oberirdischen Gewässer, das natürlich oder künstlich beeinflußt durch das Gewässerufer oder die Gewässersohle in den Untergrund (Grundwasserbereich) gelangt. Seit den 70er Jahren des vorigen Jahrhunderts wird die U. in Deutschland zur Wassergewinnung in unmittelbarer Nähe von Flüssen genutzt. Es werden in Ufernähe **Brunnen** errichtet, aus denen in der Regel ein Gemisch aus echtem **Grundwasser** und durch das Flußufer filtriertem Flußwasser gefördert wird. Je stärker durch die Wasserförderung der Grundwasserspiegel im Brunnenbereich absinkt, um so mehr sickert normalerweise Flußwasser zum Ausgleich nach. Durch Aufstauen des Flusses kann die Sickermenge zusätzlich erhöht weden. Bei der Passage des Flußwassers durch die Uferschichten (**Filter**körper) werden Schwebstoffe, abbaubare gelöste Substanzen und ein großer Teil der **Schwermetalle** (durch **Adsorption** oder chemische Bindungen an Bodenpartikel) aus dem Wasser entfernt. **Schwer abbaubare** organische Stoffe, **Salze** und einige Schwermetalle werden aber nur zu einem Teil zurückgehalten und können eine zusätzliche **Trinkwasser**aufbereitung erforderlich machen.

Die U. hat gegenüber anderen Wassergewinnungs- und **Aufbereitungs**methoden im Normalfall einige Vorteile: Keine spürbare Grundwasserabsenkung, weitgehende Reinigung des Wassers ohne Aufbereitungschemikalien und Aufbereitungsrückstände, geringer Energiebedarf und gute Anpassungsfähigkeit an schwankende Rohwasserqualitäten.

In der Bundesrepublik werden laut Statistik ca. 8 % des Trink-

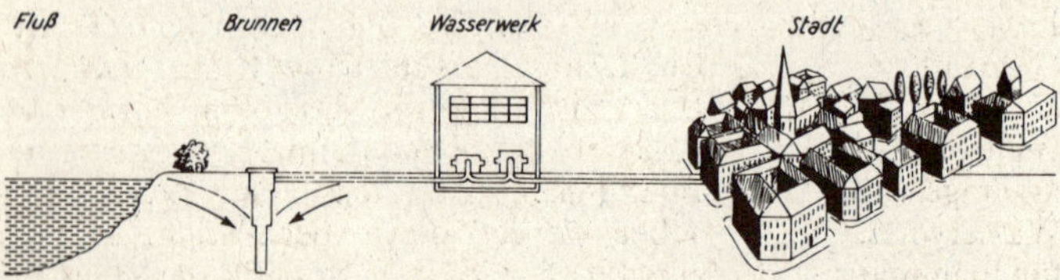

Schema einer Wasserversorgung durch Nutzung von Uferfiltrat

wassers durch U. gewonnen, wobei jedoch nicht immer zwischen echtem Grundwasser und Uferfiltrat unterschieden werden kann, so daß der tatsächliche Anteil auch höher sein kann.

Umkehrosmose

Verfahren zur Aufbereitung von Meer- und Brackwasser zu **Trinkwasser** sowie zur Reinigung von Abwasser. Das Verfahren beruht auf dem Effekt, daß bestimmte (i. a. künstlich hergestellte) Membranen die im Wasser vorhandenen gelösten Moleküle und Ionen weitgehend zurückhalten, das Lösungsmittel (in diesem Fall das „Wasser“) aber passieren lassen, sofern ein bestimmter äußerer Druck angelegt wird. Auf diese Weise kann ein großer Teil der gelösten Stoffe aus dem Wasser entfernt werden. Nachteil des Verfahrens ist der hohe Energieaufwand, der zur Ausübung des erforderlichen Drucks notwendig ist.

→ **Wasseraufbereitung, Membranverfahren**

UMPLIS (Informations- und Dokumentationssystem Umwelt)

Rechnergestütztes Informationssystem des **Umweltbundesamtes**. UMPLIS steht mit eigenem Datenbestand und Zugriffsmöglichkeiten auf andere Datenbestände für die Umweltforschung und die Umweltpolitik zur Verfügung. U. kann von öffentlichen und privaten Institutionen, aber auch von interessierten Bürgern benutzt werden. Im Bereich des Gewässerschutzes wird u. a. die **Datenbank Wassergefährdender Stoffe** geführt.

Umweltbundesamt

Im Jahre 1974 gegründete selbständige Bundesoberbehörde im Geschäftsbereich des Bundesministers für Umwelt, Naturschutz und Reaktorsicherheit mit Sitz in Berlin. Das Amt berät die Bundesregierung, insbesondere den Bundesumweltminister u. a. in Fragen der Luftreinhaltung, Lärmbekämpfung, Abfall- und Wasserwirtschaft. Daneben werden umweltbedeutsame Daten für Planungen und Maßnahmen der Umweltpolitik des Bundes gesammelt, gespeichert und für den unmittelbaren Zugriff verfügbar gemacht. Ein weiterer Aufgabenbereich ist die Auf-

U

Das Informations- und Dokumentationssystem Umwelt (Umplis)

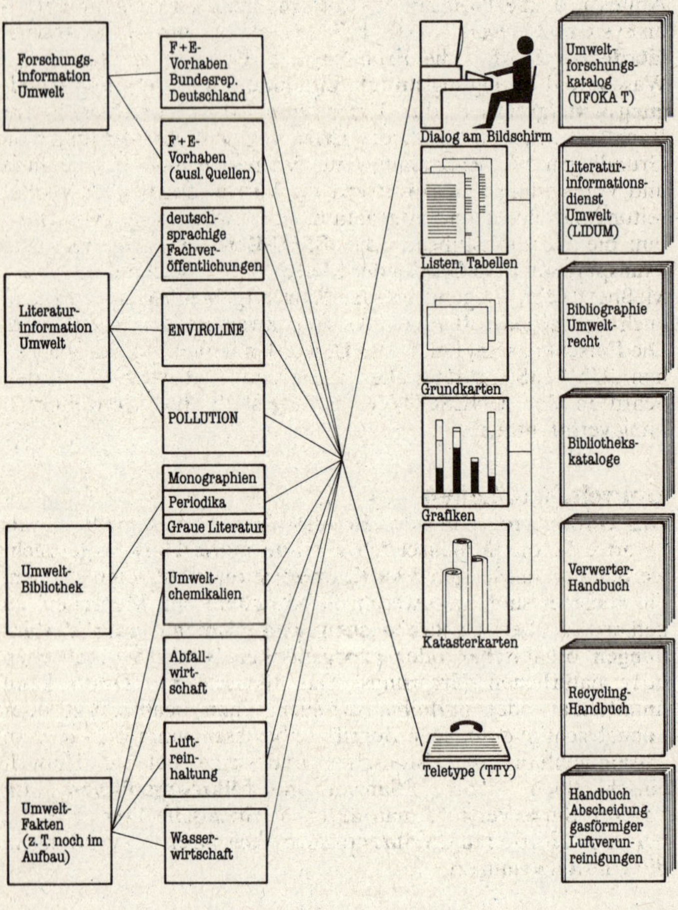

klärung der Öffentlichkeit in Umweltfragen. Im Bereich des Gewässerschutzes gehört zu den Aufgabenschwerpunkten des Amtes u. a. die Führung des Informations- und Dokumentationssystems Umwelt – **UMPLIS** – (z. B. **Datenbank Wassergefährdender Stoffe**); die Erfassung der Rahmenrezepturen von Wasch- und Reinigungsmitteln im Sinne des **Wasch- und Reinigungsmittelgesetz**es; die Erarbeitung von Vorschlägen für Rechtsvorschriften sowie die Erfassung und Entwicklung von Grundlagen für Maßnahmen zur Verminderung, Vermeidung und Verwertung von Abwässern; die Mitwirkung bei der Vorbereitung nationaler und internationaler Gewässerschutzvorschriften; die Geschäftsführung des **BMU-Beirates „Lagerung und Transport wassergefährdender Stoffe"**. Auch betreibt das U. ein Meßnetz (überwiegend in sog. Reinluftgebieten), in dem u. a. auch der Schadstoffgehalt des Regenwassers untersucht wird. Die Forschungsergebnisse des U. werden in den Publikationsreihen „UMPLIS", „Materialien", „Berichte" „Texte" und in den Schriften der UNESCO-Verbindungsstelle für Umwelterziehung veröffentlicht.

Umweltchemikalien

Das Umweltprogramm der Bundesregierung beschreibt U. als „Stoffe, die durch menschliches Zutun in die Umwelt gebracht werden und in Mengen oder Konzentrationen auftreten können, die geeignet sind, Lebewesen, insbesondere den Menschen, zu gefährden. Hierzu gehören chemische Elemente oder Verbindungen organischer oder anorganischer Natur, synthetischen oder natürlichen Ursprungs. Das menschliche Zutun kann unmittelbar oder mittelbar erfolgen, kann beabsichtigt oder unbeabsichtigt sein. Der Begriff Lebewesen umfaßt in diesem Zusammenhang den Menschen und seine belebte Umwelt einschließlich Tieren, Pflanzen und **Mikroorganismen**". Im engeren Sinne versteht man unter U. chemische Produkte, die bei ihrer Herstellung, während oder nach ihrer Anwendung in die Umwelt gelangen.

Umweltkriminalitätsgesetz

Das U. faßt die wichtigsten Tatbestände zum Schutz der Umwelt und insbesondere auch zum Schutz der Gewässer in

einem neuen Abschnitt des Strafgesetzbuches zusammen. Bestraft wird danach derjenige, der unbefugt ein Gewässer verunreinigt oder dessen Eigenschaften nachteilig verändert; der Rechtsordnungen für Wasserschutzgebiete verletzt; der wassergefährdende Anlagen ohne Genehmigung betreibt; der Gifte in Gewässer einläßt u. a.
Derartige Straftaten nach § 324 StGB haben einen hohen Anteil an den Umweltdelikten. Bei leicht rückläufiger Tendenz wurden 1991 immer noch über 9000 Fälle mit dem Straftatbestand „Verunreinigung eines Gewässers" in den alten Bundesländern registriert.

Umweltverträglichkeit

Aussagen zur U. von Chemikalien, z. B. von Inhaltsstoffen der **Wasch- und Reinigungsmittel**, müssen eine Vielzahl von Stoffeigenschaften berücksichtigen. Dazu gehört:

- das biologische **Abbau**verhalten (Primärabbaubarkeit, vollständige Abbaubarkeit, Abbauverhalten bei Fehlen von Sauerstoff in Böden, Klärschlamm und Sedimenten) und die sonstige Eleminierbarkeit (etwa **Fällung** in der **Kläranlage**, **Adsorbtion** am **Blähschlamm**),
- das Akkumulationsverhalten in Wasserorganismen und Gewässersedimenten,
- die toxische Wirkung auf Wasserorganismen bei kurz- und langfristiger Einwirkung (akute und chronische Toxizität),
- das Remobilisierungsverhalten gegenüber Schwermetallen und
- das **Eutrophierung**sverhalten.

Die gesundheitliche Unbedenklichkeit von Chemikalien (bei bestimmungsgemäßem Umgang) hat höchste Priorität. Können kanzerogene, mutagene und teratogene (fruchtschädigende) Eigenschaften sowie kurz- oder langfristig toxische Eigenschaften nicht ausgeschlossen werden, erübrigt sich die Beurteilung der U. für den jeweiligen Stoff. Die U. von Stoffen wird nicht nur von den Stoffeigenschaften, sondern auch von den eingesetzten Stoffmengen bestimmt.

Umweltzeichen

Kennzeichnung von Produkten, die sich aufgrund bestimmter Eigenschaften im Vergleich mit anderen als weniger umweltbe-

U

lastend herausgestellt haben. Die Kriterien für das Umweltzeichen für die verschiedenen Produktgruppen werden in Expertenanhörungen der beteiligten Kreise erarbeitet und von einer unabhängigen Jury beschlossen. Das Zeichen wird vom Deutschen Institut für Gütesicherung und Kennzeichnung (RAL) e. V., unter Beteiligung des Umweltbundesamtes, auf Antrag der Hersteller an die Produkte vergeben, die die betreffenden Kriterien erfüllen. Für die Reinhaltung der Gewässer und das Wassersparen sind folgende mit dem U. gekennzeichnete Produktgruppen von Bedeutung: abwasserarme Autowaschanlagen, Zink-Luft-Batterien sowie quecksilber- und cadmiumfreie Lithium-Batterien, mechanische Rohrreiniger, Recyclingpapier, wassersparende Spülkästen, Durchflußbegrenzer und Druckspüler, elektronisch gesteuerte Duscharmaturen.

Ungelöste Stoffe (Feststoffe)

Sammelbezeichnung für Substanzen, die sich in einem Medium (z. B. Wasser) befinden und durch mechanische Verfahren (z. B. **Absetzbecken**, **Filter**anlagen) abgetrennt werden können. Im **Trinkwasser** dürfen ungelöste Stoffe nicht enthalten sein, sie müssen bei der Wasseraufbereitung entfernt werden.

→ **Absetzbare Stoffe**

V

Verkehrswasserbau

Nach dem Grundgesetz ist der Bund (vertreten durch den Bundesminister für Verkehr) Eigner der Bundes**wasserstraßen** (Seewasserstraßen sowie die dem allgemeinen Verkehr dienenden Binnenwasserstraßen). Bei der Verwaltung, dem Ausbau und Neubau von Wasserstraßen sind die Bedürfnisse der Landeskultur und der Wasserwirtschaft im Einvernehmen mit den Bundesländern zu wahren. Der V. kann erhebliche Umweltauswirkungen nach sich ziehen (z. B. **Grundwasser**probleme am Ober**rhein**).

Verklappung

Das Einbringen fester und flüssiger Abfälle von Schiffen aus in das Meer. Die festen Abfälle werden versenkt, die flüssigen (zur Verdünnung) durch Einleitung in den Schraubenstrahl verquirlt. Im Bereich der Hohen See werden von deutscher Seite keine

Abfälle mehr verklappt; in Küstengewässern wird lediglich **Baggergut** umgelagert.
→ **Einbringung, Meeresverschmutzung, Titandioxidproduktion**

Verkrautung

Unerwünschte übermäßige Entwicklung von Wasserpflanzen. Hierdurch können Schiffahrt und Wasserabfluß behindert werden.

Verregnung von Abwasser

Veraltetes Verfahren zur Beseitigung von Abwasser durch regenartig feine Verteilung von **Abwasser** (auch vorgereinigt) auf zu bewässernde landwirtschaftliche Flächen. Die V. unterscheidet sich von der **Verrieselung** dadurch, daß nur soviel Wasser eingesetzt wird, wie zur Steigerung des Pflanzenwachstums (bzw. zur Befeuchtung der Wurzelzone) erforderlich ist. Durch die Zuführung von im Abwasser enthaltenen Nährstoffen können zwar die Ernteerträge verbessert werden, zugleich aber auch das **Grundwasser** belastet werden. Deshalb wird dieses Verfahren kaum noch angewandt.

Verrieselung von Abwasser (Rieselfelder)

Im Gegensatz zur **Verregnung** hat die V. den Zweck, Abwasser zu reinigen, wobei der Boden als mechanisch und biologisch wirkender Reinigungsträger ausgenutzt wird.

Versauerung → Saure Niederschläge

Verursacherprinzip

In den Umweltgesetzen (z. B. **Wasserhaushaltsgesetz, Abwasserabgabengesetz**) der Bundesrepublik Deutschland enthaltenes Grundprinzip, wonach grundsätzlich derjenige die Kosten einer Umweltbelastung tragen muß, der für ihre Entstehung verantwortlich ist. Dieses gilt auch für die Folgekosten.
→ **Kooperationsprinzip, Vorsorgeprinzip**

Viren

V. gehören zu den kleinsten Krankheitserregern. Über das Wasser können alle V. verbreitet werden, die vom Menschen sowie höheren und niederen Tieren, Pflanzen und Bakterien terrestrischer und aquatischer Lebensformen in die Umwelt gelangen. Einfach gebaute V., die nur aus Nukleinsäure (genetischem Material) und **Proteinkapsid** (**Eiweiß**) bestehen, können in der Umwelt bis zu einem Jahr oder länger persistieren und in den Wasserkreislauf gelangen. Die meisten Kenntnisse liegen über humanpathogene „enterale" V. vor, die von Erkrankten und infizierten scheinbar Gesunden vorwiegend mit dem Stuhl ausgeschieden werden und so in das häusliche Abwasser gelangen. Sie sind gegenüber Abwasserbehandlungs- und Trinkwasseraufbereitungsmaßnahmen sehr widerstandsfähig.

→ **Krankheitserreger, Wasserepidemien**

V

Vorbehandlung

Innerbetriebliche Reinigungsmaßnahmen für gewerbliche und industrielle Abwässer vor deren Einleitung in öffentliche **Kanalisation**en oder **Kläranlagen** (z. B. Mengen- und **Konzentration**sverringerung, Kühlung, Entgiftung, **Neutralisation**, **Desinfektion**).

Vorfluter

Gewässer (z. B. Bach, jede Art von Kanal, Fluß oder See). Der Begriff wird häufig im Zusammenhang mit der Einleitung von **Abwasser** (gereinigt oder ungereinigt) in ein Gewässer benutzt.

Vorsorgeprinzip

In den Umweltgesetzen der Bundesrepublik Deutschland enthaltenes Grundprinzip, wonach Umweltbelastungen zu vermeiden oder auf ein nach dem **Stand der Technik** oder den allgemein anerkannten **Regeln der Technik** erreichbares Mindestmaß zu beschränken sind.

→ **Kooperationsprinzip, Verursacherprinzip**

W

Wasch- und Reinigungsmittel

Im Sinne des Wasch- und Reinigungsmittelgesetzes (WRMG) handelsübliche Erzeugnisse, die zur Reinigung bestimmt sind oder bestimmungsgemäß die Reinigung unterstützen und nach ihrem Gebrauch erfahrungsgemäß in Gewässer gelangen können. Als W.- und R. gelten auch Erzeugnisse, die grenz-

flächenaktive Stoffe (**Tenside**) oder **organische Lösemittel** enthalten und vom Verbraucher aufgrund der Art und Weise des Produktdargebots unmittelbar zur Reinigung verwendet werden können. Keine W.- und R., die nach dem **WRMG** jedoch diesen gleichgestellt werden, sind solche Erzeugnisse, die bestimmungsgemäß auf Oberflächen aufgebracht und bei einer einmaligen Reinigung mit W.- und R. überwiegend abgelöst werden und erfahrungsgemäß danach in Gewässer gelangen können.
Bestandteile von W.- und R. gelangen mit dem kommunalen Abwasser in Gewässer, da ein hundertprozentiger Rückhalt auch in modernsten drei- oder vierstufigen **Kläranlagen** nicht möglich ist. Die Haupteintragswege der Wasch- und Reinigungsmittelbestandteile in Abwässer sind jedoch direkte Abwassereinleitungen (z. B. Straßenentwässerung ohne Kläranlagenanschluß, Direkteinleitung von Abwässern aus der **Mischkanalisation** bei Überlastung durch starke Niederschläge) und unzureichende Abwasserbehandlung wie in mechanischen Kläranlagen sowie nicht vorhandene Kläranlagen in den neuen Bundesländern. Einzelheiten über die Umweltverträglichkeit von W.- und R. regeln das **Wasch- und Reinigungsmittelgesetz** und die entsprechenden Verordnungen (**Tensidverordnung**, **Phosphathöchstmengenverordnung**).
In der Bundesrepublik Deutschland wurden 1991 (alle Bundesländer) verbraucht:

Universalwaschmittel	614 000 t
Spezialwaschmittel	112 000 t

→ **Kanalisation, Kläranlage, Komplexbildner, mechanische Abwasserreinigung, Tenside, Umweltverträglichkeit**

Wasch- und Reinigungsmittelgesetz (WRMG)

Nach dem am 01. 09. 1975 in Kraft getretenen Gesetz (BGBl I S. 2255), das durch das Gesetz vom 19. 12. 1986 (BGBl I S. 2615) erstmals geändert wurde und nunmehr in der Fassung der Bekanntmachung v. 05. 03. 1987 (BGBl I, S. 875) vorliegt, können durch Rechtsverordnungen bestimmte Anforderungen an die in **Wasch- und Reinigungsmitteln** enthaltenen Stoffe gestellt werden. Ferner können gewässerschädigende Stoffe verboten oder beschränkt werden. Rahmenrezepturen nebst Änderungen sowie Angaben zur Umweltverträglichkeit von W. und R. müssen dem **Umweltbundesamt** mitgeteilt werden. Schließlich ist

der Verbraucher von den Produzenten über gewässerschonende Verwendung der Mittel aufzuklären (z. B. durch Beschriftung der Verpackung, Angabe von Dosierungsempfehlungen und Angaben zur Ergiebigkeit).
→ **Phosphathöchstmengenverordnung, Tensidverordnung**

Wasser

Drei Viertel der Erdoberfläche sind mit W. bedeckt. Die gesamte Wassermenge beträgt etwa 1,4 Milliarden Kubikkilometer. Davon sind 92,2 % Salzwasser, das Eis der Pole und Gebirge enthält weitere 2,2 %. Das Süßwasser der Flüsse, der Seen und des Grundwassers der Kontinente macht nur 0,6 % der gesamten auf der Erde vorhanden Wassermenge aus. Durch die Sonnenenergie ist W. einem ständigen Kreislauf unterworfen. Es verdunstet an der Oberfläche der Meere und Kontinente. Der aufsteigende Wasserdampf kühlt sich in der Höhe ab und kondensiert zu Wolken. Bei weiterer Abkühlung geben diese ihre Feuchtigkeit als Niederschlag ab. W. ist am Aufbau der Pflanzen- und Tierwelt maßgeblich beteiligt. Der menschliche Körper besteht aus 60 bis 70 % W., manche Gemüse und Früchte zu mehr als 90 %. Beim erwachsenen Menschen beträgt der tägliche W.-Bedarf etwa 35 g je kg Körpergewicht.
→ **Gewässer, Kühlsysteme**

Wasseraufbereitung

Behandlung des **Rohwassers**, um seine Beschaffenheit dem jeweiligen Verwendungszweck anzupassen. Zu W. zählen insbesondere die **Vorbehandlung** (Entfernung von Sinkstoffen in Vorklär- und **Absetzbecken**, Entfernung von **Plankton** durch Mikrosiebe, Entfernung von Feststoffen mit **Rechen** und Siebeinrichtungen, Entfernung von Trüb- und Kolloidstoffen durch **Flockung** u. a.), die Filtration, die **Belüftung** (Anreicherung des Wassers mit Luftsauerstoff, Entfernung von Gasen und Stoffen mit hohem Dampfdruck), die Enteisung (Entfernung störender Eisenionen), die Entmanganung (Entfernung störender Manganionen), die Entsäuerung, die zentrale **Enthärtung**, die Entfernung von Geruchs- und Geschmacksstoffen mittels physikalischer (Belüftung, Adsorption an Aktivkohle), und chemischer Verfahren (Flockung mit Schnellfiltration, **Oxidation** mit **Kali-**

W

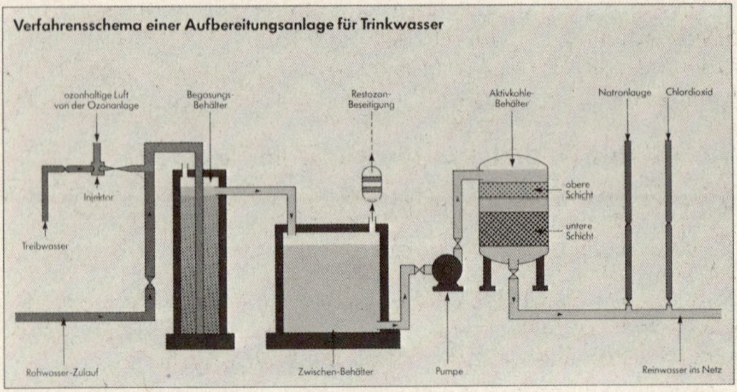

Verfahrensschema einer Aufbereitungsanlage für Trinkwasser

Quelle: Bundesverband der Deutschen Gas- und Wasserwirtschaft e. V.

umpermanganat und Ozon, Ozonung oder Ultraviolettbestrahlung).

→ **Abwärme, Aktivkohlefilter, Flußwasseraufbereitung, Kühlwasseraufbereitung, organische Verbindungen, Schnellfiltration, Trinkwasseraufbereitungsverordnung, Umkehrosmose, Wassergewinnung**

Wasserbedarf

Der Trinkwasserbedarf in der Bundesrepublik Deutschland ist in der Vergangenheit ständig gestiegen. Der Grund dafür ist in erster Linie die Ausstattung der Wohnungen mit Bad und WC und die Zunahme von Wasch- und Spülmaschinen.

Der durchschnittliche Wasserverbrauch der Haushalte der im Jahre 1950 etwa 85 Liter pro Einwohner und Tag betrug, steigerte sich bis 1985 auf 145 Liter. In den letzten Jahren stagnierte der Verbrauch und liegt heute bei ca. 131 Liter in Gesamtdeutschland.

Die Verwendung des Trinkwassers im Haushalt verteilt sich mit etwa 32 % auf die Toilettenspülung, 30 % zum Baden und Duschen, 14 % zum Waschen der Wäsche, je 6 % werden für Körperpflege und zum Geschirrspülen genutzt, 4 % zum Gartensprengen, jeweils 3 % zum Reinemachen sowie Kochen und Trinken und ca. 2 % zum Waschen von Automobilen.

Ungleich größer als der W. der privaten Haushalte mit etwa 5 Milliarden m^3 pro Jahr ist der W. der Industrie, die ca. 10 Milliarden m^3 Wasser nutzt und der Wärmekraftwerke für die öffentliche Versorgung mit 30 Milliarden m^3 (überwiegend Kühlwasser).
Der Anteil des Grundwassers beträgt im Bereich der öffentlichen Wasserversorgung etwa 63 %. Von der Industrie werden ca. 25 % und von den Wärmekraftwerken 0,2 % der Gesamtmenge dem Grundwasser entnommen. Insgesamt sind das rund 6 Milliarden m^3 Grundwasser.
In der Industrie und in den Kraftwerken wird das Wasser teilweise mehrfach genutzt, so daß die Menge des genutzten Wassers für beide Sparten rechnerisch ca. 82 Milliarden m^3 ergibt.
→ **Abwasseranfall**

Wasserbedarfsprognosen

Vorhersage des künftigen **Wasserbedarf**s. Die W. sind für Wasserversorgungsunternehmen von besonderer Bedeutung, da die Erschließung neuer Wasservorkommen langfristig geplant werden muß.

Wasserbehörden

Behörden, in deren Verantwortung der Vollzug des **Wasserhaushaltsgesetz**es und der **Wassergesetze** der Länder liegt. So gibt es in den größeren Bundesländern einen dreistufigen Verwaltungsaufbau, bestehend aus dem zuständigen Ministerium als oberster W., den Regierungspräsidien als obere W. und den unteren Verwaltungsbehörden (Landrat/Landkreis, kreisfrie Stadt) als untere W. Im Saarland und in Schleswig-Holstein gibt es nur einen zweistufigen Verwaltungsaufbau, der aus der oberen und unteren W. besteht. Die Länder Berlin, Bremen und Hamburg als Stadtstaaten haben wiederum eine andere Verwaltungsorganisation. Zur fachtechnischen Beratung der unteren W. sind Wasserwirtschaftsämter als technische Fachbehörden bestimmt. Neben den eigentlichen W. können für den Vollzug der Wassergesetze auch die Polizei-, die Baugenehmigungs-, die Berg-, die Gewerbe- und Planfeststellungbehörden zuständig sein.
→ **Zuständigkeiten**

W

Wasserbelastung

Sammelbegriff für die mittelbare oder unmittelbare Beeinträchtigung der Güte von Wasservorkommen. Hierzu gehört die Einleitung ungenügend gereinigter, kommunaler und industrieller **Abwässer** einschließlich **Sickerwasser** z. B. aus Altlasten, landwirtschaftlicher Bodennutzung oder Deponien, das Einbringen von Abfällen oder die unsachgemäße **Lagerung und der Transport wassergefährdender Stoffe**, **Kühlwasser** z. B. aus Kraftwerken wie auch die Belastung durch Luftschadstoffe.

Wasserblüte

Starke Vermehrung einzelliger Algen. Sie wird durch den Nährstoffeintrag (**Eutrophierung**) wie Kohlenstoff-, Stickstoff- und Phosphorverbindungen sowie hohe Temperaturen und überdurchschnittliche Lichteinstrahlung begünstigt. Die Ausscheidungen einiger Algenarten sind insbesondere für Fische giftig. Die Verwendbarkeit eines solchen Gewässers zur Trinkwassergewinnung oder als Badegewässer kann beeinträchtigt sein.

→ **Algen, Algentoxizität Phytoplanktontoxine, Verkrautung**

Wasserbuch

Von Verwaltungsbehörden (**Wasserbehörden**) geführte Verzeichnisse über Rechtsverhältnisse an Gewässern. Nach dem **Wasserhaushaltsgesetz** sind alle nicht nur vorübergehenden Zwecken dienende **Erlaubnisse, Bewilligungen, alte Rechte** und Befugnisse sowie Wasserschutz- und Überschwemmungsgebiete einzutragen. Eintragungen in das W. sind gebühren- und kostenfrei. Die Einsicht ist jedem gestattet, der ein berechtigtes Interesse nachweist. Das Nähere regeln die **Wassergesetze** der Länder.

Wasserdargebot (nutzbares)

Für eine bestimmte Zeiteinheit ermittelte verfügbare Süßwassermenge (Wasserzufluß). Zur Feststellung des W. sind zu ermitteln die Abflüsse der oberirdischen Gewässer, die **Grundwasser**vorkommen und die Grundwasserneubildung, die ober- und unterirdischen Speichermöglichkeiten und die Beschaffenheit der oberirdischen Gewässer und des Grundwassers.

 → **Wasserwirtschaftliche Rahmenpläne**

W

Wasserepidemien

W. sind durch einen explosiven Ausbruch gleichartiger Erkrankungen von Personen aller Altersgruppen gekennzeichnet. In der Vorgeschichte findet sich meist ein Hinweis auf die Exposition zur kontaminierten Wasserquelle und die territoriale Ausbreitung entspricht dem Wasserversorgungsbereich. Sowohl Grundwasser als auch behandeltes Oberflächenwasser, welches aus zentralen Wasserversorgungsanlagen, Kleinst- oder Einzelanlagen bereitgestellt wird, sind an der Auslösung von Epidemien beteiligt.

Im allgemeinen liegen den Epidemien folgende Ursachen zugrunde:

- vorübergehende massive fäkale Kontamination des Trinkwassergewinnungsbereiches infolge ungünstiger Lage zu Abwasserbehandlungsanlagen oder infolge von fehlkonstruierten Gewinnungsanlagen
- Abwasser- oder Brauchwassereinbruch in Trinkwasserleitungen durch Rückstau, Kreuzverbindungen und Lecks im Rohrsystem
- Genuß von rohem Fluß- oder Seewasser oder unzureichend aufbereitetem ungenügend gechlortem Wasser durch Fehlverhalten aus mangelnden hygienischen Kenntnissen oder aus Leichtsinn
- Verzehr von Schalentieren aus fäkal belasteten Gewässern.

Die modernen Verfahren der **Abwasserbehandlung, Trinkwasseraufbereitung** einschließlich der **Chlorung** haben in den hochzivilisierten Industrieländern zu einer Veränderung des mit dem Wasser übertragenen Erregerspektrums geführt. Im Vordergrund stehen virale **Gastroenteritiden und Hepatitis,** während die bakteriellen Durchfallerkrankungen in den Hintergrund getreten sind.

→ **Krankheitserreger**

Wasserfernversorgung

Im Einzugsbereich von einigen Ballungsgebieten reicht das **Wasserdargebot** heute nicht mehr aus, um Bevölkerung, Industrie und Gewerbe mit ausreichend gutem Wasser zu versorgen. Oft müssen ortsnahe Wassergewinnungsanlagen wegen zunehmender Besiedlung oder landwirtschaftlicher Intensivnutzung

(z. B. Nitraterhöhung im Grundwasser) aufgegeben werden. In zahlreichen Fällen mußte deshalb auf Wasservorkommen in größerer Entfernung mit günstigen Standortvoraussetzungen zurückgegriffen werden (Beispiele: Wassererschließung für den Großraum München im oberen Loisachtal, für das Rhein-Main-Gebiet aus dem Hessischen Ried und dem Vogelsberg sowie für den Raum Hamburg aus der Nordheide). Solche Wasserentnahmen können jedoch negative Auswirkungen auf die Ökologie des Raumes haben, in dem das Wasser entnommen wird. Durch Absenkung des **Grundwasser**spiegels kann z. B. Pflanzen der Zugang zum Wasser genommen werden mit der Folge von Schäden für Natur und Landwirtschaft. Den Wassernutzern müssen daher entsprechende Ausgleichsmaßnahmen zur Auflage gemacht werden.

Wasserforschung

Bereits im Umweltprogramm von 1971 und seitdem in all ihren Stellungnahmen zum Umweltschutz hat die Bundesregierung die Notwendigkeit intensiver Anstrengungen auf dem Gebiet der Umweltforschung betont und auf die Erweiterung der wissenschaftlich-technischen Erkenntnisse als unabdingbare Voraussetzung für die Vorbereitung von politischen Entscheidungen zur Lösung gegenwärtiger und zukünftiger Umweltprobleme hingewiesen. Die vom Bundesminister für Umwelt, Naturschutz und Reaktorsicherheit und dem **Umweltbundesamt** geförderte W. soll wissenschaftlich gesicherte Erkenntnisse und Entscheidungshilfen für die Entwicklung und Durchführung der Wasserwirtschaftspolitik der Bundesregierung liefern. Im Rahmen der dem Bund gegebenen gesetzgeberischen Kompetenz (Rahmengesetzgebung) kann eine zukunftsorientierte Wasserwirtschaftspolitik nur verfolgt werden, wenn frühzeitig die Auswirkungen menschlicher Eingriffe in den natürlichen Wasserkreislauf richtig beurteilt werden. Hierzu bedarf es einer breit angelegten Forschung für alle Bereiche der Wasserwirtschaft, Aktivitäten in der Grundlagenforschung und der angewandten Forschung sowie Arbeiten für die Entwicklung neuerer und die Fortentwicklung erprobter Verfahren zum Schutz und zur Nutzung des Wassers.

Beim Bundesminister für Forschung und Technologie werden

beispielsweise Forschungsvorhaben zu folgenden Generalthemen durchgeführt:

1. Technologien zum Gewässerschutz und zur Abwasserbehandlung
2. Methoden und Verfahren zum Gewässerschutz und zur Nutzung der Selbstreinigung der Gewässer
3. Kommunale Abwasserreinigung
4. Reinigung industrieller und gewerblicher Abwässer
5. Abwasserentlastende Technologien und Kreislaufschließungen
6. Verfahren zur Klärschlammentsorgung, Schlammbehandlung und Verwertung.

Beim Bundesminister für Umwelt, Naturschutz und Reaktorsicherheit und beim Umweltbundesamt werden Forschungsaufgaben vorrangig auf folgenden Gebieten durchgeführt: **Wasserhaushalt,** wasserwirtschaftliche Planungen, Wassernutzung, **Trinkwasserversorgung** und -aufbereitung, Umgang mit wassergefährdenden Stoffen, Schutz der Gewässer einschließlich des Grundwassers vor Verunreinigungen, Probleme der Wärmeeinleitungen, Meßverfahren und Analytik, Emissionsminderung und Abwasserbehandlung (Reinigungstechnologien).

Wassergefährdende Stoffe

Chemische Stoffe sowie Stoffgemische oder deren Reaktionsprodukte, die geeignet sind, Gewässer zu verunreinigen oder sonst in ihren Eigenschaften nachteilig zu verändern.

Hierzu gehören u. a. **Lösemittel, mineralöl**haltige Rückstände, Pflanzenbehandlungsmittel, **Schwermetalle** (z. B. **Cadmium, Quecksilber**), **Phosphate** sowie **halogenierte Kohlenwasserstoffe,** Säuren, Laugen, PCB usw.

Die Europäische Gewässerschutzrichtlinie von 1979 enthält (neben anderen EG-Richtlinien) die Listen I (schwarze Liste) und II (graue Liste) für W. S. Die Verwaltungsvorschrift über die nähere Bestimmung W. St. und ihre Einstufung entsprechend ihrer Gefährlichkeit (VwV W. St.) enthält die Stoffliste der bisher eingestuften Stoffe bzw. Stoffgruppen. Die Liste wird fortgeschrieben. Vom **BMU-Beirat „Lagerung und Transport wassergefährdender Stoffe“** wurde ein Katalog W. S. entwickelt, in dem höhere Informationen zu den W. St. enthalten sind.

→ **Altöl, Bewertung wassergefährdender Stoffe, Fernleitungen**

zum Transport wassergefährdender Stoffe, Lagerung und Transport wassergefährdender Stoffe, Maßnahmen nach Unfällen mit wassergefährdenden Stoffen, Richtlinien der Europäischen Gemeinschaften.

Wassergefährdungsklassen

→ **BMU-Beirat „Lagerung und Transport wassergefährdender Stoffe"**

Wassergefährdungszahlen

→ **Bewertung wassergefährdender Stoffe**

Wassergesetze

Sammelbezeichnung für die Vorschriften des Bundes und der Länder im Bereich des Gewässerschutzes und der **Wasser**wirtschaft. Hierzu gehören im Bundesrecht vor allem das Gesetz zu Ordnung des Wasserhaushalts (WHG = **Wasserhaushaltsgesetz,** Fassung der Bekanntmachung vom 23. 09. 1986, BGBl I S. 1529, ber. S. 1654, zuletzt geändert durch Gesetz vom 26. 08. 1992, BGBl I S. 1564), das **Abwasserabgabengesetz** (AbwAG) vom 13. 09. 1976 (BGBl I S. 2721 und 3007 in der Fassung der Bekanntmachung vom 06. 11. 1990 (BGBl I S. 2432) und das **Wasch- und Reinigungsmittelgesetz (WRMG)** vom 01. 09. 1975 (BGBl I S. 2255 in der Fassung der Bekanntmachung vom 05. 03. 1987 (BGBl I S. 875). Weitere Bestimmungen zum Schutz unserer Gewässer finden sich in der Gewerbeordnung (diese enthält einen Katalog genehmigungspflichtiger Anlagen, der auch unter dem Gesichtspunkt möglicher Einflüsse auf den Gewässerzustand zusammengestellt wurde), im Atomgesetz (zusammen mit der Strahlenschutzverordnung regelt es die Konzentration radioaktiver Stoffe im **Abwasser**), im Bundesseuchengesetz (das Gesetz schreibt u. a. vor, daß feste und flüssige Abfallstoffe unschädlich beseitigt werden müssen und das **Trinkwasser** bestimmten Qualitätsanforderungen genügen muß, die von den Gesundheitsämtern zu überwachen sind), im Lebensmittelgesetz (Wasser ist ein Lebensmittel; das Gesetz schreibt vor, daß Lebensmittel bestimmten Qualitätsanforderungen entsprechen müssen und daß auch für die Lebensmittelherstellung solche Forderungen vorgeschrieben werden können.

Insbesondere gilt dies für den Zusatz fremder Stoffe) und in der **Trinkwasserverordnung** (schreibt vor, daß Trinkwasser frei von Krankheitserregern sein muß und daß bestimmte Schwermetalle, Zyanide, polyzyklische aromatische Kohlenwasserstoffe, Nitrate, vorgeschriebene **Grenzwerte** nicht überschreiten dürfen). Auf Länderebene sind vor allem die Landeswassergesetze sowie die Abwasserabgabengesetze zu nennen, die als Ausführungsgesetze zu den Rahmengesetzen des Bundes ergangen sind.

→ **Hohe-See-Einbringungsgesetz, Internationale Gewässerschutzübereinkommen und Kommissionen, Wasserbehörden**

Wassergewinnung

Sammelbezeichnung für Maßnahmen zur Erschließung von **Trinkwasser** oder **Betriebswasser**. Je nach der zu erschließenden Wasserart wird unterschieden in Gewinnung von unterirdischem Wasser (durch Bohrbrunnen, artesische Brunnen, Horizontalfilterbrunnen, Schachtbrunnen, Sickerleitungen und Quellfassungen), Gewinnung von Oberflächenwasser (Entnahme von Wasser aus Flüssen, Seen, Talsperren und aus dem Meer), Gewinnung von uferfiltriertem Grundwasser (**Uferfiltrat**) und angereichertem Grundwasser (künstliche Anreicherung durch ober- oder unterirdisches Versickern von **Oberflächenwasser**, über Versickerungsgräben, Versickerungsbecken, Versickerungsbrunnen, **Schluckbrunnen,** Versickerungsleitungen). Die W. unterliegt nach dem **Wasserhaushaltsgesetz** und den **Wassergesetzen** der Länder grundsätzlich behördlicher Kontrolle.

→ **Wasseraufbereitung**

Wasserhärte

Summe aller im Wasser gelösten Erdalkaliionen (Gesamthärte), die durch Verwitterung oder Lösungsvorgänge aus dem Boden in die Gewässer gelangen. Dabei bezeichnet man den Anteil der Erdalkaliionen, der dem im Wasser gelösten Karbonat bzw. Hydrogenkarbonat äquivalent ist, als temporäre Härte und den, der dem Teil der gelösten Sulfate, Chloride, Nitrate, Phosphate und Silicate entspricht, als permanente Härte. Die W. beeinflußt entscheidend die „Waschkraft" eines Waschmittels. Darum ent-

halten Waschmittel härtebindende Stoffe. Die Härte des Wassers wird nach der internationalen Einheit Millimol je Liter gemessen. Diese Einheit ersetzt die Meßeinheit „Grad deutscher Härte". Die W. wird in vier Härtebereichen angegeben:
Härtebereich 1 (weich, bis 1,3 Millimol Gesamthärte je Liter),
Härtebereich 2 (mittelhart, 1,3–2,5 Millimol),
Härtebereich 3 (hart, 2,5–3,8 Millimol) und
Härtebereich 4 (sehr hart, über 3,8 Millimol).
Die Wasserhärtebereiche können bei den Wasserbehörden und den Wasserversorgungsunternehmen erfragt werden.

→ **Biogene Entkalkung, Enthärtung, Teilentsalzung**

Wasserhaushaltsgesetz

Das Gesetz zur Ordnung des Wasserhaushalts – WHG – vom 27. 07. 1957 in der Fassung der Bekanntmachung vom 23. 09. 1986 (BGBl I S. 1529, ber. S. 1654), zuletzt geändert durch Gesetz v. 26. 08. 1992 (BGBl I S. 1564), trifft als Rahmengesetz des Bundes (Artikel 75 Nr. 4 GG) grundlegende Bestimmungen über **wasserwirtschaft**liche Maßnahmen (Wassermengen- und Wassergütewirtschaft). Der sachliche Geltungsbereich des WHG erstreckt sich auf oberirdische Gewässer (Flüsse, Seen usw.), auf Küstengewässer und auf das **Grundwasser** (§ 1). Die zentrale Aussage des WHG enthält § 1a Abs. 1. Danach sind die Gewässer als Bestandteil des Naturhaushalts so zu bewirtschaften, daß sie dem Wohl der Allgemeinheit und im Einklang mit ihm auch dem Nutzen einzelner dienen und daß jede vermeidbare Beeinträchtigung unterbleibt. Wichtigstes ordnungsrechtliches Instrumentarium des WHG ist die **Erlaubnis-** und **Bewilligung**spflicht (§ 2) für Gewässerbenutzungen (§ 3). Benutzungen im Sinne des WHG sind unter anderem das Entnehmen von Wasser sowie das **Einbringen** und **Einleiten** von Stoffen, insbesondere auch von **Abwasser** (§ 7a, siehe Abwassereinleitung, **Mindestanforderungen**). Im Interesse eines wirksamen Gewässerschutzes ist den Wasserbehörden ein Bewirtschaftungsermessen eingeräumt; im Hinblick auf die Sozialbindung des Eigentums besteht kein Rechtsanspruch auf die Erteilung einer Erlaubnis (§ 7) oder Bewilligung (§ 8). Vielmehr sind diese zu versagen, soweit von der beabsichtigten Benutzung eine Beeinträchtigung des Wohls der Allgemeinheit, insbesondere eine Gefährdung der allgemeinen Wasserversorgung, zu erwarten ist (§ 6). Verschiedene nicht beeinträchtigende Gewässerbenutzungen sind erlaubnisfrei (§§ 17a, 23ff., 32a, 33). Besonderheiten gelten für alte Rechte und alte Befugnisse (§§ 15ff.). Für Rohrleitungsanlagen zum Befördern **wassergefährdender Stoffe** (§§19a–19f.) sowie für Anlagen zum Umgang mit wassergefährdenden Stoffen (§§ 19g–19 l) sind im WHG besondere Regelungen getroffen worden. Auch schreibt das WHG, ähnlich wie das Bundesimmissionsschutzgesetz und das Kreislaufwirtschafts- und Abfallgesetz, für Betriebe, die bestimmte Mengen Abwasser einleiten dürfen, die Bestellung eines **Betriebsbeauftragten Gewässerschutz** vor (§§ 21a–21g). Als weiteres wichtiges wasserwirtschaftliches Instrument sieht das WHG die Möglichkeit der Festlegung von **Wasserschutzgebieten** (§ 19) vor. Das WHG kennt darüber hinaus eine Reihe aufeinander abgestimmter **Planungsinstrumente,** nämlich die **Abwasserbeseitigungspläne** (§ 18a, Abs. 3), die **Reinhalteordnungen** (§ 27), die **wasserwirtschaftlichen Rahmenpläne** (§ 36) sowie die **Bewirtschaftungspläne** (§ 36b). Wird die Beschaffenheit des Wassers (nachteilig) verändert, so besteht gemäß § 22 eine relativ strenge Haftung. Die Bestimmungen des WHG werden durch die **Wassergesetze** der Länder konkretisiert und ergänzt.

→ **DIN-Normen, Meßinstrumentarium, Wasserbuch**

Wasserkreislauf → Wasser

Wasserpfennig

Als W. wird Entgelt auf das dem Wasservorkommen entnommene Wasser bezeichnet. Aus dem Ertrag des W. sollen Landwirte einen Ausgleich für Ertragseinbußen erhalten, die sie durch Auflagen (z. B. Verzicht oder Beschränkungen beim Einsatz von Dünge- und/oder Pflanzenschutzmitteln) in Wasserschutzgebieten und Einzugsgebieten von Wasserwerken erleiden.

Wasserrecht → Wassergesetze

Wasserrechtlicher Bescheid → Abwasserangabe

W

Wasserreinigung → Abwasserreinigung, Wasseraufbereitung

Wasserschutzgebiet
Teil des Einzugsgebiets oder das gesamte Einzugsgebiet einer **Trinkwasser**gewinnungsanlage, in dem zum Schutze der Trinkwassergewinnung Nutzungsbeschränkungen (Verbot oder beschränkte Zulassung bestimmter Handlungen, wie z. B. Einschränkung landwirtschaftlicher Tätigkeiten und Verpflichtung der Grundstückseigentümer zur Duldung bestimmter Maßnahmen) verordnet werden. Die Festsetzung eines W. bedarf eines förmlichen Verfahrens.

Wasserproben . . .
. . . entnehmen hier zwei Mitarbeiter der Wuppertaler Arbeitsgruppe „Zivildienst im Umweltschutz“ aus einem Bach. Anschließend werden die Proben zur Untersuchung weitergeleitet. Diese Entnahme von Wasserproben ist nur eine der vielfältigen Aufgaben der Zivildienstleistenden im Umweltschutz, die sich übrigens freiwillig für diese Arbeit melden.

Wasserstraßen → Wasserwege und -straßen

W

Wasseruntersuchungen

Untersuchungen von **Trinkwasser** und **Abwasser** nach bestimmten Verfahren. W. werden sowohl routinemäßig als auch bei besonderen Betriebszuständen (z. B. Störungen) vorgenommen. Die **Trinkwasserverordnung** schreibt die Mindesthäufigkeit und die anzuwendenden Verfahren vor. Sie dienen bei Trinkwasseruntersuchungen der ersten Linie dem Schutz vor gesundheitlichen Schäden und bei Abwasseruntersuchungen der Überprüfung der Reinigungsleistung von **Kläranlagen**. Man unterscheidet bakteriologische und virologische (Feststellung von Krankheitserregern), biologische sowie physikalische und chemische W. (Nachweis gelöster Salze und Gase, giftiger chemischer Substanzen, geschmacksverändernder Stoffe u. a.).

→ **Bioindikatoren, Deutsche Einheitsverfahren, Meß- und Analyseverfahren, Saprobiensystem, Testverfahren, Trinkwasserverordnung**

Wasserverbrauch → Wasserbedarf, Wasserprognose

Wasserwege und -straßen

Schiffbare Flüsse und die sie verbindenden Kanäle. Die Bundeswasserstraßen der Bundesrepublik Deutschland gliedern sich in Binnen- und Seewasserstraßen. Die Binnenwasserstraßen haben eine Gesamtlänge von etwa 4.800 km, davon haben rund ein Viertel ein künstliches Gewässerbett (Schiffahrtskanäle). Rund 690 km sind zugleich Seeschiffahrtsstraßen. Neben der Verkehrsfunktion haben W. eine Reihe außerverkehrlicher Funktionen wie die Sicherung des Wasserabflusses, die Bereitstellung von **Brauchwasser,** z. B. für die Energiegewinnung, aber auch Erholungsfunktionen.

→ **Einteilung der Gewässer, Verkehrswasserbau**

Wasserwirtschaft

Als W. wird nach DIN 4049 die zielbewußte Ordnung aller menschlichen Einwirkungen auf das ober- und unterirdische Wasser verstanden. Die Gewässer sind nach § 1a Wasserhaushaltsgesetz so zu bewirtschaften, daß sie dem Wohl der Allge-

W meinheit und im Einklang mit ihm auch dem Nutzen einzelner dienen und daß jede vermeidbare Beeinträchtigung unterbleibt. Nach dem 1971 verabschiedeten Umweltprogramm des Bundes ist das Ziel der W., den Wasserhaushalt so zu ordnen, daß

- das ökologische Gleichgewicht der Gewässer gewahrt oder wieder hergestellt wird,
- die einwandfreie Wasserversorgung der Bevölkerung und der Wirtschaft gesichert ist, gleichzeitig aber auch
- alle anderen Wassernutzungen, die dem Gemeinwohl dienen, auf lange Frist möglich bleiben.

Mit „anderen" Wassernutzungen sind die Nutzung der Gewässer als Erholungs- und Freizeitpotentiale, die Fischerei,die Energiegewinnung (Aufstauen und Absenken), die Bewässerung landwirtschaftlicher Flächen und die Einleitung des benutzten Wassers (Abwassers) aus Gemeinden und gewerblichen Betrieben gemeint. Bei der Abwassereinleitung besteht die Wassernutzung auch in der Inanspruchnahme der Selbstreinigung der Gewässer zum Abbau des nach der Abwasserbehandlung verbleibenden Restschmutzes.

Wasserwirtschaftliche Rahmenpläne

Auf der Grundlage des **Wasserhaushaltsgesetzes** (§ 36) geben W. R. für Flußgebiete oder Wirtschaftsräume die für die Entwicklung der Lebens- und Wirtschaftsverhältnisse notwendigen wasserwirtschaftlichen Voraussetzungen im Einklang mit den Erfordernissen der Raumordnung an. Ein W. R. muß in Wasserbilanzen das **Wasserdargebot** und seinen nutzbaren Teil nachweisen, den jetzigen und den voraussichtlich künftigen Wasserbedarf angeben, den Hochwasserschutz behandeln und die Reinhaltung der Gewässer berücksichtigen.

→ **Planungsinstrumente**

Wasserwirtschaftsverband/Wasserverband

Körperschaft zur Lösung wasserwirtschaftlicher Aufgaben innerhalb eines bestimmten Gebietes.

→ **Abwasserzweckverband**

Wattenmeer

Zwischen den Nordseeinseln und dem Festland sowie vor den Mündungen von Jade, Weser, Elbe und Eider erstreckt sich das

W., das vom Wechsel der Gezeiten (Ebbe und Flut) gekennzeichnet ist. Es besteht aus Lebensräumen wie Watt, **Salzwiesen,** Sandbänken, Stränden und Dünen. Abgesehen von Strand und Dünen gehören sie zu den produktivsten Lebensbereichen der Erde. So ist z. B. das W. zehnmal reicher an Lebewesen (Biomasse) als der übrige Meeresboden. Vom überreichen Nahrungsangebot des W. leben tausende von Pflanzen- und Tierarten. Für viele Fisch- und Vogelarten ist das W. unersetzbare „Kinderstube", Lebensraum oder auch Rastplatz beim Zug ins Winterquartier. Aufgrund einer gemeinsamen Ministererklärung der Niederlande, Dänemarks und der Bundesrepublik Deutschland arbeiten diese drei Staaten zum Schutz des Wattenmeeres seit 1982 intensiv zusammen.
→ **Nordsee**

Weichspüler

W. werden für den eigentlichen Waschprozeß nicht benötigt. Sie dienen der Nachbehandlung der Textilien, um einen angenehm „weichen Griff" und Duft zu erzeugen sowie die statische Aufladung nach dem Trocknen und die Knittrigkeit zu verringern. Zugleich wird aber auch die Wasseraufnahmefähigkeit der Textilien herabgesetzt, was bei Handtüchern zum Beispiel weniger wünschenswert ist. W. enthalten kationische **Tenside,** deren biologischer Abbau in der Kläranlage meist nicht vollständig ist.
→ **Wasch- und Reinigungsmittel**

Weitergehende Abwasserbehandlung
→ Dritte Reinigungsstufen

WHO

Weltgesundheitsorganisation, 1948 gegründet als selbständige Organisation der UN mit Sitz in Genf und über die ganze Welt verteilten Regionalbüros. Die WHO hat beratende und koordinierende Funktionen. Im Bereich des Gewässerschutzes hat die WHO u. a. Empfehlungen zur Festlegung von **Grenzwerten** für Schadstoffe im Trinkwasser veröffentlicht (zuletzt 1984).

Zeolith → Phosphatersatzstoffe

Z

Zerkariendermatitis

Zerkarien (Gabelschwanzlarven) sind ein Entwicklungsstadium von bestimmten Saugwürmern, die in Vögeln oder Säugern (Endwirte) parasitieren. Zerkarien entwickeln sich in Wasserschnecken und schwärmen schließlich in das Gewässer aus. Sie dringen in die Haut des Menschen ein, überleben dort einige Tage und sensibilisieren den Organismus. Bei erneutem Kontakt mit Zerkarien treten Juckreiz, Schwellung und Rötung auf. Die Z. ist weltweit verbreitet und stellt in manchen Erholungsgebieten ein Problem dar. Günstige Voraussetzungen sind z. B. ein Schilfgürtel um Gewässer mit hohem Besatz an Wasservögeln und Schnecken sowie relativ hohe Temperaturen (ca. 25 °C).

→ **Krankheitserreger**

Zielvorgaben

Im Bereich des Gewässerschutzes gehören dazu fachlich begründete und auf die allgemeinen Vorgaben des Programmes „**LAWA** 2000" gestützte Bewertungsmaßstäbe für die Qualität von **Oberflächengewässer**n. Sie dienen dazu, den Erfolg von Maßnahmen der Emissionsminderung sowie weiterer (produktbezogene, technische oder planerische) Maßnahmen und die dadurch erreichte Entlastung oberirdischer Binnengewässer im Hinblick auf die Schutzgüter zu beurteilen. Auf dieser Grundlage (d. h. aus dem Vergleich von Z. mit der aktuellen Belastungssituation) ist dann zu prüfen, ob unter Berücksichtigung aller wesentlichen Gesichtspunkte weitere Maßnahmen durchzuführen sind.

Z. sind keine **Grenzwerte,** bei deren Überschreitung zwingend Maßnahmen zu ihrer Einhaltung durchzuführen sind. Sie sind deshalb nicht mit **Qualitätszielen,** bei denen es sich um rechtlich verbindliche Grenzwerte oder Richtwerte handelt, gleichzusetzen.

→ **IKSR, BLAK QZ**

Zink

Mäßig häufiges und für Organismen essentielles Element, das in erhöhter Konzentration jedoch toxisch wirkt. Die durchschnittliche Zinkkonzentration in der Erdkruste liegt bei 70 mg/kg.

Z. wird hauptsächlich zum Galvanisieren (Verzinken) von

Eisen- und Stahlprodukten verwendet. Anorganische Zinkverbindungen wie Zinkoxid, Zinksulfat, Zinkchlorid und Zinksulfid werden in verschiedenen Produkten und industriellen Prozessen eingesetzt.
In die **Oberflächengewässer** gelangt Zink u. a. durch die **Abwässer** von Galvanisierbetrieben, der chemischen Industrie, der Papier- und Kartonherstellung und durch die Einleitung von Abwässern kommunaler **Kläranlagen**. Z. kommt im Gewässer vor allem in zweiwertiger Form vor. Bedingt durch die **Adsorption** an Schwebstoffe ist ein Teil des Z. partikulär gebunden.
→ **Metalle**

Zirkulation

In der **Limnologie** versteht man unter Z. die großräumige Umwälzung der Wassermasse eines Sees von der Oberfläche zur Tiefe bei Temperaturgleichheit durch den Wind als Antriebsernergie.

Zuständigkeiten

Z. im Bereich des Gewässerschutzes regelt das Grundgesetz. Der Bund hat nach Artikel 75 Nr. 4 Grundgesetz das Recht, Rahmenvorschriften über den Wasserhaushalt zu erlassen. Im Rahmen seiner konkurrierenden Gesetzgebungszuständigkeit für das Recht der Wirtschaft (Art. 74 Nr. 11 GG) hat der Bund das **Wasch- und Reinigungsmittelgesetz** erlassen.
Die übrige Gesetzgebungskompetenz in der **Wasserwirtschaft**, insbesondere zur Ausfüllung des durch den Bund vorgegebenen Rahmens sowie die Organisation des Vollzugs liegt bei den Bundesländern. Die für die Wasserwirtschaft und das Wasserrecht zuständigen Landes- und Kommunalbehörden, deren Kompetenzen in den einzelnen Ländern unterschiedlich geregelt sind, führen nach den Landeswassergesetzen die Genehmigungsverfahren durch und erteilen die entsprechenden wasserrechtlichen Bescheide. Die Behörden der Länder sind auch für den Vollzug und die Überwachung der Einhaltung der Bescheide (Auflagen usw.) zuständig. Einigen regionalen Wasserwirtschaftsverbänden sind nach den Landeswassergesetzen Z. übertragen worden, die in den Landeswasserverbandsgesetzen geregelt werden.
→ **Wasserbehörden, Wassergesetze**

Tips für sauberes Wasser

Sofern Sie in einem **ALTBAU** wohnen und die Trinkwasserleitungen noch aus Bleirohren bestehen, ist Vorsicht geboten: Wasser, das sich lange in den Rohren befindet (z. B. während der Nachtzeiten), kann erhöhte Konzentrationen giftigen Bleis aufnehmen. Deshalb sollten Sie Wasser, das über längere Zeit (z. B. nachts) in den Bleirohren war, nur zum Waschen und Putzen, nicht aber zum Trinken oder zur Essenszubereitung benutzen.

Umweltfreundliche **AUTOWASCHANLAGEN** erkennt man am blauen Umweltengel: Bei diesen Waschanlagen wird das Waschwasser im Kreislauf geführt: Wasser gespart, Abwasser vermieden. Wenn der Salzgehalt des Kreislaufwassers eine bestimmte Konzentration erreicht hat, schaltet sich die Anlage automatisch ab. Erst dann wird das Waschwasser erneuert. Außerdem sorgen bei diesen Anlagen die Betreiber dafür, daß die abgeschiedenen Schadstoffe ordnungsgemäß auf Deponien beseitigt werden.

Will man die **AUTOWÄSCHE** selbst vornehmen, so sollte man dies unbedingt auf dafür vorgesehenen Waschplätzen tun, bei denen das Waschwasser in Kläranlagen geleitet wird. Denn bei jeder Autowäsche fallen Schmutzstoffe, wie Öle, Fette, Teer, Ruß und Schwermetallstäube, aber auch sauerstoffzehrende Tenside an. Solche Stoffe können sowohl Oberflächengewässer als auch das Grundwasser empfindlich schädigen.

BATTERIEN aus Hörgeräten, Uhren, Fotoapparaten und Taschenrechnern (sogenannte Knopfzellen) können bis zu 30% Quecksilber enthalten. Quecksilber und seine Verbindungen zählen zu den besonders problematischen Umweltgiften, quecksilberhaltige Batterien können über Deponien und Müllverbrennungsanlagen die Umwelt belasten. Deshalb gehören diese nach Gebrauch immer zurück zum Handel, der sie einer Wiederverwertung zuführt. Umweltfreundliche Batterien („Zink-Luft-Batterien") erkennt man am blauen Umweltengel. Solche Batterien enthalten einen hundertfach geringeren Quecksilberanteil als gewöhnliche Knopfzellen.

Autowaschen in freier Natur ...
... mag zwar oft sehr praktisch sein, stellt aber zugleich eine erhebliche Umweltbelastung dar. Durch die verwendeten Pflegemittel und durch Öl- und Benzinreste werden schwere Verunreinigungen von Flüssen und Bächen hervorgerufen. Ein Tropfen Öl zum Beispiel kann eine Million Tropfen Wasser auf Dauer ungenießbar machen.

DESINFEKTIONSMITTEL sind unentbehrlich in Krankenhäusern, Arztpraxen und eben überall dort, wo die Ausbreitung von Krankheitserregern bekämpft werden muß. In einem Haushalt mit gesunden Menschen haben sie nichts zu suchen. Gelangen solche Stoffe ins Abwasser, können sie die biologische Reinigung des Abwassers empfindlich stören, da sie aufgrund ihrer mikrobiziden Wirkung auch alle Mikroorganismen angreifen, die keine Krankheitserreger sind, sondern zum Abbau der organischen Verbindungen in einer Kläranlage beitragen.

DÜNGEN sollten Sie Ihren Garten billig und umweltfreundlich: mit Kompost aus dem eigenen Komposthaufen. Kompost ist ein gutes Bodenverbesserungsmittel, das die Humusbildung fördert. Zu hohe Gaben von Kompost oder mineralischem Dünger können allerdings Umweltprobleme hervorrufen, die von zu hohen Nitratwerten in Lebensmitteln bis zur Überdüngung von Gewässern reichen. Deshalb sollten Sie weder auf gefrorenen Boden noch auf Schnee düngen, jede Erosion des Bodens vermeiden, damit kein im Boden gelöster Nährstoff in die Gewässer gelangen kann und keinesfalls mehr Dünger aufbringen, als unbedingt notwendig ist. Man kann Bodenproben analysieren lassen, um den Nährstoffgehalt und damit den Bedarf an zusätzlichem Dünger festzustellen.

ESSENSRESTE gehören in den Mülleimer oder auf den Komposthaufen, aber nicht ins Abwasser. Denn im Abwasser tragen sie zur Nährstoffbelastung bei, auf der Deponie hingegen sind sie gern gesehen, weil sie die Verrottungsvorgänge beschleunigen.

FESTE ABFALLSTOFFE gehören nicht ins Abwasser oder in die Toilette. Sie verstopfen die Kanalisation oder müssen mit aufwendigen Verfahren entfernt werden. Das Klo ist kein Müllschlucker!

Wenn Sie das **GIESSWASSER** für Ihren Garten aus der Wasserleitung holen, verschwenden Sie nicht nur Trinkwasser, sondern verschenken auch bares Geld. Denn mit dem Wasserpreis bezahlen Sie i. a. nicht nur für das Trinkwasser, sondern auch für die Abwasserbeseitigung, die Sie beim Gießen nicht in

Anspruch nehmen. Stattdessen sollten Sie Regenwasser auffangen und zum Gießen benutzen. Wenn sie das Wasser aus dem Regenfallrohr entnehmen, empfiehlt sich der Einbau einer Klappe, die es Ihnen ermöglicht, nur einen Teil des Wassers aufzufangen. Öffnen sie die „Regenklappe“ erst nach einigen Minuten Regendauer, weil dann der meiste Schmutz vom Dach bereits weggespült wurde und Sie Ihren Pflanzen diese Schmutzbelastung ersparen.

HEIZÖL ist ein stark gewässerschädigender Stoff, mit dem äußerst vorsichtig umgegangen werden muß. Beachten Sie deshalb bei der Heizöllagerung folgende Hinweise:

1. Überprüfen Sie bei doppelwandigen Tanks mindestens einmal jährlich die Funktion des Leckanzeigers (Prüftaste für Kontrollampe, Signalhorn u. a.).
   Bei einwandigen Tanks kontrollieren Sie den Auffangraum mindestens vierteljährlich sowie nach jeder Tankbefüllung durch Inaugenscheinnahme.
2. Sorgen Sie dafür, daß beim Befüllen Ihres Tanks Entlüftungsstutzen und soweit möglich der Tank beobachtet werden, damit austretendes Öl sofort entdeckt wird.
3. Lassen Sie Grenzwertgeber, die vor 1984 eingebaut wurden, austauschen – die heutigen Geräte sind konstruktiv verbessert und bieten mehr Funktionssicherheit.
4. Lassen Sie die Rücklaufleitung vom Ölbrenner zum Tank stillegen und die Ölzufuhr auf „Einstrangsystem“ umbauen. – Dies ist sicherer.
5. Lassen Sie einwandige Stahlbatterietanks (nichtbegehbare Stahlbehälter) möglichst bald gegen Kunststofftanks austauschen – eine Sanierung lohnt sich in aller Regel nicht!
6. Lassen Sie Ihren Tank – auch wenn er doppelwandig und mit Innenschutz versehen ist – alle 5 Jahre reinigen und die Tankinnenwände untersuchen. Bei Tanks mit Leckschutzauskleidung sowie Batterietanks aus Kunststoff genügt in aller Regel eine Tankreinigung durch Spülung.
7. Lassen sie bei einwandigen Tanks bei der nächsten Tankreinigung einmal prüfen, ob der Auffangraum noch dicht ist. – Undichte Auffangräume sind kein Gewässer- und Bodenschutz!

8. Bei Arbeiten an Heizöltankanlagen: Wenden Sie sich stets an einen Fachbetrieb!

KAFFEE-, **TEE-** und **ZIGARETTENRESTE** gehören nicht in die Toilette: sie erschweren den Klärprozeß bzw. verstopfen Pumpen und Filter.

KALTREINIGER werden zur Reinigung verschmutzter Maschinenteile, Automotoren u. a. eingesetzt. Gelangen die abgelösten Substanzen ins Abwasser, können ernstzunehmende Umweltbelastungen entstehen. Gewässerschonende Kaltreiniger erkennt man am Umweltzeichen, dem blauen Umweltengel. Diese müssen die Belastung des Abwassers mit Ölrückständen verhindern und dürfen keine giftigen, gesundheitsschädlichen, ätzenden oder krebserzeugenden Eigenschaften besitzen. Auch umweltfreundliche Kaltreiniger dürfen jedoch nur dort angewendet werden, wo geeignete Abscheidevorrichtungen eine Gewässerbelastung ausschließen.

LÖSEMITTEL, Fotochemikalien, Lackreste und andere giftige Chemikalien gehören nicht ins Abwasser, da sie dort schwere Schäden verursachen können. Viele Städte und Gemeinden sind inzwischen dazu übergegangen, solchen Sondermüll an bestimmten Sammelplätzen entgegenzunehmen und umweltschonend zu beseitigen (Auskünfte bei der Stadtverwaltung oder den Landratsämtern). Noch besser ist es allerdings, solche Abfälle erst gar nicht entstehen zu lassen. Für einige dieser Produkte gibt es inzwischen einige die Umwelt weniger schädigenden Alternativen, wie zum Beispiel Lacke, die schadstoffarm sind. Diese erkennt man an dem Umweltzeichen, dem blauen Umweltengel.

MEDIKAMENTE enthalten zum Teil stark schädigende Substanzen. Bringen Sie deshalb überlagerte Medikamente und Medikamentenreste Ihrem Apotheker zurück, der für eine umweltschonende Beseitigung, z. B. bei den Herstellern sorgt. Keinesfalls gehören solche Stoffe ins Abwasser.

Die **MOTORWÄSCHE** sollte man nur in einer Werkstatt oder Tankstelle vornehmen lassen. Denn bei der Motorreinigung entsteht ein Wasser-Öl-Gemisch, das nur über einen Ölabscheider abfließen darf. Dabei sollte ein umweltfreundlicher Kaltreiniger (mit dem Umweltzeichen) verwendet werden, der eine leichte Öl-Wasser-Trennung erlaubt. Wer den Motor auf der Straße wäscht, kann erhebliche Umweltbelastungen verursachen.

ÖLFLECKEN auf dem Boden unter Kraftfahrzeugen sind nicht nur ein Indiz für mögliche Defekte, sondern auch für eine drohende Umweltgefährdung. Schon einige Tropfen Öl können große Mengen Wasser verschmutzen, so daß es für die Trinkwasserversorgung unbrauchbar wird! Stellen Sie daher fest, woher das Öl kommt und lassen Sie Undichtigkeiten an Ihren Fahrzeugen umgehend beseitigen.

Zum **ÖLWECHSEL** gehört Ihr Kraftfahrzeug dorthin, wo Öl- und Benzinabscheider dafür sorgen, daß Altöl keinen Schaden anrichten kann. Wer den Ölwechsel selbst vornimmt, ist dazu verpflichtet, das Altöl ordnungsgemäß zu beseitigen, es also zur Altölsammelstelle zu bringen. Wer Altöl einfach in die Erde oder Kanalisation laufen läßt, ist ein übler Umweltverschmutzer und muß mit hohen Strafen rechnen.

PFLANZENSCHUTZMITTEL sollten Sie nur verwenden, wenn dies unumgänglich ist. Denn alle Mittel, gleichgültig, ob sie zum Spritzen, Streuen oder Räuchern bestimmt sind, haben Auswirkungen auf die Umwelt, zumal die Kombination dieser Mittel mit anderen Stoffen und die daraus entstehenden Umweltbelastungen ungenügend erforscht sind. Oft eignen sich Methoden des Biologischen Landbaus, wie zum Beispiel eine gute Bodenbearbeitung, eine Mischbepflanzung oder die Anpflanzung bestimmter Kräuter ebenso zur Bekämpfung von Pflanzenkrankheiten oder Schädlingen. Außerdem: Der „schädlingsfreie" Garten ist ohnehin Illusion und kein erstrebenswertes Ziel für Umweltschützer. Reste von Pflanzenschutzmitteln und Sprühbrühen dürfen weder in den Ausguß noch in die Mülltonne geschüttet werden. Sie gehören zu den Sammelstellen für Sonderabfälle.

RECYCLINGPAPIER trägt den blauen Umweltengel, weil bei seiner Herstellung bedeutend weniger Frischwasser und Energie verbraucht wird als bei der Herstellung von Papier aus frischem Zellstoff, und damit die Abwasserbelastung deutlich verringert wird. Der Papierhandel bietet inzwischen eine breite Palette dieses umweltfreundlichen Papiers an. Sie reicht vom Druckpapier über Kopierpapier, Schulhefte, Briefumschläge bis zum Briefpapier und Glückwunschkarten.

Chemische **ROHRREINIGER** belasten die Abwasserleitungen mit stark alkalischen (ätzenden) Chemikalien. Sie können im allgemeinen auf diese Mittel verzichten, da mechanische Hilfsmittel wie Bürsten, Saugglocken und Rohrreinigungsspiralen auch ohne Chemikalien reinigen. Diese wurden deshalb auch mit dem Umweltzeichen ausgezeichnet.

Gebrauchtes **SPEISEÖL** hat weder was im Abfluß noch in der Toilette zu suchen. Speiseöl wie auch feste Fettreste gehören in die Mülltonne oder auf den Komposthaufen.

Um eine Mehrbelastung der Gewässer auszuschließen, dosieren Sie vor allem Konzentratprodukte wie **SPÜLMITTEL** besonders sorgsam. Dazu sind auch präzise Dosierangaben auf der Verpackung und sichere Dosiermechanismen notwendig. Den Werbespruch „Ein Spritzer genügt“ sollte man hier wirklich wörtlich nehmen. Die Wahl des richtigen Spülmittels und seine korrekte Dosierung entlastet also die Umwelt, auch weil Verpackungs- und Transportaufwand begrenzt werden.

STREUSALZ ist zwar hoch wirksam gegen Eis und Schneeglätte, schädigt aber in hohem Maße Pflanzen und Bäume und verursacht Korrosion an Fahrzeugen und Bauwerken. Deshalb verwenden Sie im Winterdienst nur salzfreies abstumpfendes Streugut. Solche Mittel erkennen Sie an dem Umweltzeichen, dem blauen Umweltengel.

Auf farbiges oder reinweißes **TOILETTENPAPIER** sollten Sie verzichten. Die Farbstoffe lösen sich auf und belasten das Wasser – reinweißes Papier wurde unter erheblicher Umweltbelastung hergestellt. Stattdessen sollten Sie zu Toilettenpapier aus Altpapier greifen. Solches „Hygiene-Krepp“ erkennen Sie am Umweltzeichen, dem blauen Umweltengel. „Hygiene-Krepp“

aus Altpapier wurde mit geringerer Abwasserbelastung (nur etwa 20% im Vergleich zu Erzeugnissen aus Zellstoff) und geringerem Energieverbrauch (60 bis 70% weniger) bei gleichzeitiger Abfallvermeidung und Schonung des Rohstoffes Holz hergestellt.

Beim Kauf eines **TOILETTENSPÜLKASTENS** sollten Sie einem Modell den Vorzug geben, bei dem sich die Wassermenge – je nach „Bedarf“ – regeln läßt. Damit kann ohne Gefahr für Hygiene und Funktionsfähigkeit vernünftig Wasser gespart werden.

Der Bundesminister des Innern hat 1977 eine unabhängige Jury **„UMWELTZEICHEN“** berufen, die umweltfreundlichen Produkten auf Antrag das Umweltzeichen, den blauen Umweltengel, verleiht. Hunderte von Produkten tragen inzwischen den blauen Umweltengel. Aus der großen Produktpalette sind für sauberes Wasser insbesondere „abwasserarme Autowaschanlagen“, „Zink-Luft-Batterien“, umweltfreundliche Rohrreiniger“ und Produkte aus „Recycling-Papier“ von Bedeutung.

Bei Ihrem **VOLLBAD** verwandeln Sie je nach Wannenform 120–160 Liter Trinkwasser zu Abwasser. Sauber werden Sie aber auch beim Duschen. Und bei gleicher Reinigungswirkung sparen Sie zwischen 60 und 100 Liter Wasser. Auch der Energieverbrauch sinkt beim Duschen gegenüber dem Wannenbad auf

Ein Spritzer genügt, . . .

. . .diesen Werbespruch sollte man ausnahmsweise einmal wörtlich nehmen. Spülmittel sind zwar bequem, aber nicht lebensnotwendig wie sauberes Wasser. Zuviel Spülmittel ist schädlich, denn erstens gelangen dadurch unnötig viele chemische Substanzen in das Abwasser und zweitens kann dadurch die Haut angegriffen werden.

ein Viertel. Durch den Einbau eines Sparduschkopfes – erhältlich in jedem Haushaltswarengeschäft – können noch weitere Liter gespart werden (Vorsicht bei Gasdurchlauferhitzern!).

WASCH- und REINIGUNGSMITTEL belasten in jedem Fall das Abwasser und damit letztendlich die Umwelt. Ihr Einsatz sollte daher stets so sparsam wie möglich erfolgen. Bevorzugen Sie Kompaktwaschmittel bzw. Konzentrate, in denen auf unnötige Füllstoffe verzichtet und gleichzeitig Verpackungsmaterial gespart wird. Bei diesen ist die genaue Dosierung noch wichtiger als bei normalenWasch- und Reinigungsmitteln. Nehmen Sie nicht mehr als vom Hersteller angegeben. Bei Waschmitteln hängt die Menge u. a. von der Wasserhärte ab. Den Härtegrad erfahren Sie bei Ihrem Wasserwerk. Für jede Waschtemperatur gibt es angepaßte Waschmittel. Feinwaschmittel enthalten wenig härtebindende Stoffe, z. B. Natriumaluminiumsilikat und kein Bleichmittel. Bleichmittel (ohne Aktivator) entfalten ihre Wirkung ohnehin erst bei 70° Celsius. Vollwaschmittel, die 20 bis 30% Bleichmittel (aber keinen Aktivator) enthalten, sollten daher wirklich nur für Kochwäsche verwendet werden. Bei normalverschmutzter Wäsche können sie auf die Vorwäsche verzichten, ohne daß das Waschergebnis davon beeinflußt wird. Flüssigwaschmittel enthalten keine härtebindenden Stoffe, dafür allerdings mehr Tenside als Pulverwaschmittel.

WASCH- und SPÜLMASCHINEN sollten Sie nur gut gefüllt betreiben – zum Schutz unserer Gewässer und Ihres Geldbeutels. Untersuchungen der Stiftung Warentest zeigten übrigens große Unterschiede im Wasser- und Energieverbrauch solcher Geräte. Bevorzugen Sie beim Neukauf Geräte, die wenig Waschmittel bzw. Wasser verbrauchen.

WASSERSPORT ist eine schöne Sache, solange die Umwelt dadurch nicht über Gebühr belastet wird. Werfen Sie nichts ins Wasser, weder von Bord noch vom Ufer aus; halten Sie sich von Schilfgürteln fern, da diese Geburtsort, Kinderstube und Lebensraum für die meisten Wassertiere sind und auch für die Selbstreinigung der Gewässer eine besondere Funktion haben.

Notizen